矢量分析与场论

河北科技大学理学院数学系 编

清华大学出版社
北 京

内 容 简 介

本书根据教育部高等院校矢量分析与场论课程的基本要求，依据工科数学《矢量分析与场论教学大纲》，并结合本学科的发展趋势，在积累多年教学实践的基础上编写而成. 内容选取以工科数学"必须、够用"为度，严密性次之，旨在培养工科学生的数学素养，提高应用数学工具解决实际问题的能力.

全书共分 3 章，包括：矢量分析，场论，拉普拉斯算子和哈密顿算子.

本书适用于高等院校工科各专业，尤其是通信、电子信息、应用物理、自动控制、测控、机械、材料成型等专业，也可供工程技术人员阅读参考.

图书在版编目(CIP)数据

矢量分析与场论/河北科技大学理学院数学系编. —北京：清华大学出版社，2015(2024.7重印)
ISBN 978-7-302-41317-2

Ⅰ. ①矢… Ⅱ. ①河… Ⅲ. ①矢量一分析 ②场论 Ⅳ. ①O183.1 ②O412.3

中国版本图书馆 CIP 数据核字(2015)第 195613 号

责任编辑：陈 明
封面设计：张京京
责任校对：王淑云
责任印制：宋 林

出版发行：清华大学出版社
网 址：https://www.tup.com.cn，https://www.wqxuetang.com
地 址：北京清华大学学研大厦 A 座 **邮 编**：100084
社 总 机：010-83470000 **邮 购**：010-62786544
投稿与读者服务：010-62776969，c-service@tup.tsinghua.edu.cn
质量反馈：010-62772015，zhiliang@tup.tsinghua.edu.cn
印 装 者：天津鑫丰华印务有限公司
经 销：全国新华书店
开 本：170mm×230mm **印 张**：6.25 **字 数**：120 千字
版 次：2015 年 9 月第 1 版 **印 次**：2024 年 7 月第 10 次印刷
定 价：18.00 元

产品编号：062945-02

前言

FOREWORD

矢量分析与场论为工程数学复变函数与积分变换的后继课程，也是电磁学的基础课程. 本教材针对本科工科学生，本着“必须、够用”的原则编写，由于课时的限制，在内容上尽量简洁，在概念的阐述上力求做到深入浅出，突出基本结论和方法的运用，在保证知识体系完整性的基础上，避免了一些专业的推导过程，尽量做到教学过程简单易懂，结论形式易于运用，形成自己的特色. 带“*”的部分为选读内容.

本书第1章由于向东编写，第2章1～5节由李海萍编写，第2章第6节、第3章由刘萍编写，全书由李海萍最后统稿. 本书的编写得到了清华大学出版社的大力支持，河北科技大学理学院数学系全体任课教师也给予了很多帮助和指导，在此一并表示衷心的感谢.

由于编者水平有限，错漏在所难免，恳请专家、同行和读者批评指正.

编　者[①]

2015年4月

---

① E-mail：fdfj2000@126.com.

目录

CONTENTS

第1章

矢量分析

矢量分析是学习场论的基础知识. 本章中,我们主要介绍矢量场理论基本知识:矢量运算及其微分、积分等.

1.1 矢量及其运算

大多数的量可分为两类: 数量和矢量.

仅有大小的量称为**数量**. 既有大小又有方向的量称为**矢量**. 矢量 $\boldsymbol{A}$ 可写成

$$\boldsymbol{A} = A\boldsymbol{e}_A$$

其中 A 是矢量 $\boldsymbol{A}$ 的模或大小,$\boldsymbol{e}_A$ 是与 $\boldsymbol{A}$ 同方向上的单位矢量. 矢量的大小称为**矢量的模**,单位矢量的模为 1. 矢量 $\boldsymbol{A}$ 方向上的单位矢量可以表示为

$$\boldsymbol{e}_A = \frac{\boldsymbol{A}}{A}$$

矢量用黑体或带箭头的字母表示,单位矢量用 $\boldsymbol{e}$ 来表示.

作图时,我们用一有长度和方向的箭头表示矢量,如图 1.1.1 所示. 如果两矢量 $\boldsymbol{A}$ 和 $\boldsymbol{B}$ 具有同样的大小和方向,则称它们是相等的. 如果两矢量 $\boldsymbol{A}$ 和 $\boldsymbol{B}$ 具有同样的物理或几何意义,则它们具有同样的量纲,我们可以对矢量进行比较. 如果一个矢量的大小为零,我们称其为零矢量或空矢量. 这是唯一一个在图上不能用箭头表示的矢量.

我们也可以定义**面积矢量**. 如果有一面积为 S 的平面,则面积矢量 $\boldsymbol{S}$ 的大小为 S,它的方向按右手螺旋法则确定,如图 1.1.2 所示.

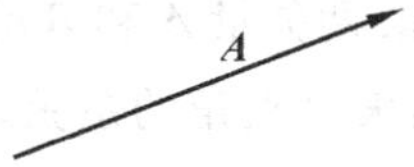

图 1.1.1 矢量 $\boldsymbol{A}$

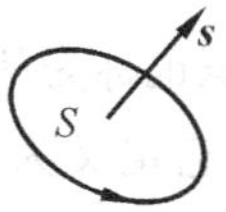

图 1.1.2 面积矢量 $\boldsymbol{S}$

1.1.1 矢量的加法和减法

两矢量 $\boldsymbol{A}$ 和 $\boldsymbol{B}$ 可彼此相加，其结果为另一矢量 $\boldsymbol{C}$，矢量三角形或矢量四边形给出了两矢量 $\boldsymbol{A}$ 和 $\boldsymbol{B}$ 相加的规则，如图 1.1.3 所示.

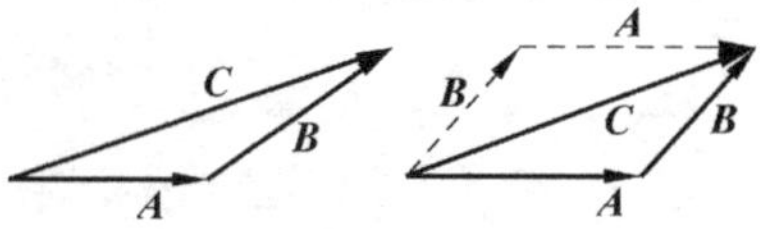

图 1.1.3 矢量加法：$\boldsymbol{C}=\boldsymbol{A}+\boldsymbol{B}$

由此我们可得出：矢量加法服从加法交换律和加法结合律.

交换律：$\boldsymbol{A}+\boldsymbol{B}=\boldsymbol{B}+\boldsymbol{A}$

结合律：$(\boldsymbol{A}+\boldsymbol{B})+\boldsymbol{C}=\boldsymbol{A}+(\boldsymbol{B}+\boldsymbol{C})$

$\boldsymbol{C}=\boldsymbol{A}+\boldsymbol{B}$ 意味着一个矢量 $\boldsymbol{C}$ 可以由两个矢量 $\boldsymbol{A}$ 和 $\boldsymbol{B}$ 来表示，即矢量 $\boldsymbol{C}$ 可分解为两个分矢量 $\boldsymbol{A}$ 和 $\boldsymbol{B}$（分量）. 也可以说，一个矢量可以分解为几个分矢量.

如果 $\boldsymbol{B}$ 是一个矢量，则 $-\boldsymbol{B}$ 也是一个矢量. 它是与矢量 $\boldsymbol{B}$ 大小相等、方向相反的一个矢量. $-\boldsymbol{B}$ 称为 $\boldsymbol{B}$ 的**负矢量**. 因此，我们可以定义两矢量 $\boldsymbol{A}$ 和 $\boldsymbol{B}$ 的减法 $\boldsymbol{A}-\boldsymbol{B}$ 为

$$\boldsymbol{D}=\boldsymbol{A}-\boldsymbol{B}=\boldsymbol{A}+(-\boldsymbol{B})$$

$\boldsymbol{D}$ 也是一个矢量. 图 1.1.4 中给出了 $\boldsymbol{D}$ 的表示方法.

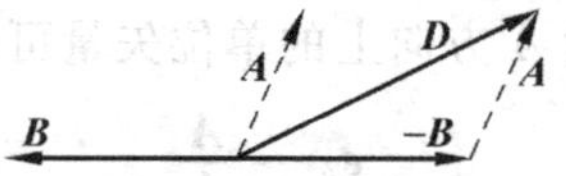

图 1.1.4 矢量减法：$\boldsymbol{D}=\boldsymbol{A}-\boldsymbol{B}$

1.1.2 矢量与数量的乘法

一数量 k 乘以矢量 $\boldsymbol{A}$，我们得到另一矢量

$$\boldsymbol{B}=k\boldsymbol{A}$$

矢量 $\boldsymbol{B}$ 的大小是矢量 $\boldsymbol{A}$ 的 $|k|$ 倍. 如果 $k>0$，矢量 $\boldsymbol{B}$ 的方向与矢量 $\boldsymbol{A}$ 的方向一样；如果 $k<0$，矢量 $\boldsymbol{B}$ 的方向与矢量 $\boldsymbol{A}$ 的方向相反. 如果 $k=0$，则 $\boldsymbol{B}=\boldsymbol{0}$.

1.1.3 数量积

两矢量的数量积也称为两矢量的**点积**或**内积**. 两矢量 $\boldsymbol{A}$ 和 $\boldsymbol{B}$ 的数量积写为 $\boldsymbol{A}\cdot\boldsymbol{B}$，并读作"$\boldsymbol{A}$ 点乘 $\boldsymbol{B}$". 它定义为两矢量的大小及两矢量夹角的余弦之积，即

$$\boldsymbol{A}\cdot\boldsymbol{B}=AB\cos\theta \tag{1.1.1}$$

显然，数量积满足交换律

$$\boldsymbol{A}\cdot\boldsymbol{B}=AB\cos\theta=BA\cos\theta=\boldsymbol{B}\cdot\boldsymbol{A} \tag{1.1.2}$$

式(1.1.1)是两矢量数量积的代数表达式.两矢量数量积的几何意义是：一矢量的大小乘以另一矢量在该矢量上的投影，如图1.1.5所示.

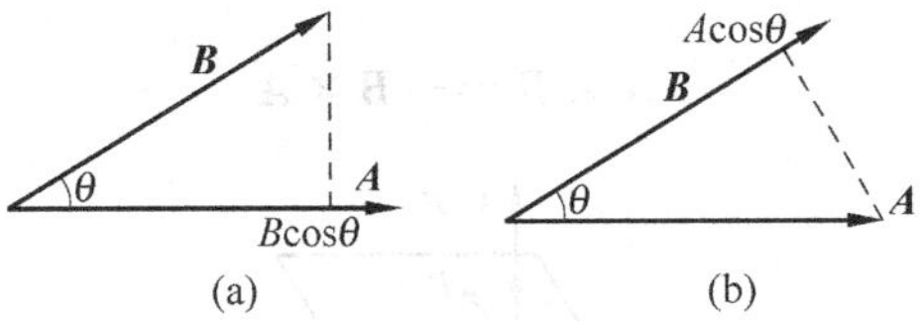

图 1.1.5 两矢量数量积

由此，矢量 $\boldsymbol{A}$ 的大小可由下式得到

$$A=\sqrt{\boldsymbol{A}\cdot\boldsymbol{A}} \tag{1.1.3}$$

数量积服从分配律

$$\boldsymbol{A}\cdot(\boldsymbol{B}+\boldsymbol{C})=\boldsymbol{A}\cdot\boldsymbol{B}+\boldsymbol{A}\cdot\boldsymbol{C} \tag{1.1.4}$$

例 1.1.1 如果 $\boldsymbol{A}$、$\boldsymbol{B}$、$\boldsymbol{C}$ 构成一三角形的三条边，$\boldsymbol{C}$ 边所对夹角为 θ.利用矢量证明三角形的余弦定理

$$C^2=A^2+B^2-2AB\cos\theta$$

解 由图1.1.6可以得到

$$\boldsymbol{C}=\boldsymbol{B}-\boldsymbol{A}$$

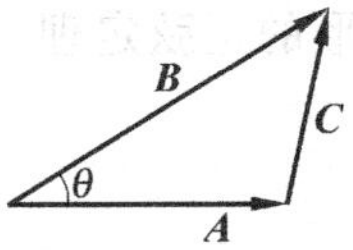

图 1.1.6 三矢量 $\boldsymbol{A}$、$\boldsymbol{B}$、$\boldsymbol{C}$ 构成的三角形

由式(1.1.3)可得

$$C^2=(\boldsymbol{B}-\boldsymbol{A})\cdot(\boldsymbol{B}-\boldsymbol{A})$$

利用式(1.1.1)和式(1.1.2)，得

$$\begin{aligned}(\boldsymbol{B}-\boldsymbol{A})\cdot(\boldsymbol{B}-\boldsymbol{A})&=B^2-\boldsymbol{B}\cdot\boldsymbol{A}-\boldsymbol{A}\cdot\boldsymbol{B}+A^2\\&=A^2+B^2-2AB\cos\theta\end{aligned}$$

因此

$$C^2=A^2+B^2-2AB\cos\theta$$

1.1.4 矢量积

两矢量的矢量积也称为两矢量的**叉积**或**外积**.两矢量 $\boldsymbol{A}$ 和 $\boldsymbol{B}$ 的矢量积写为 $\boldsymbol{A}\times\boldsymbol{B}$，读作“$\boldsymbol{A}$ 叉乘 $\boldsymbol{B}$”.**矢量积**是一个矢量，它垂直于包含 $\boldsymbol{A}$、$\boldsymbol{B}$ 两矢量的平面，方向由右

手螺旋法则确定，如图 1.1.7 所示. $e_\perp$ 是 $\boldsymbol{A}\times\boldsymbol{B}$ 方向上的单位矢量，θ是 $\boldsymbol{A}$、$\boldsymbol{B}$ 两矢量间的夹角. 矢量积的大小定义为两矢量的大小及两矢量夹角的正弦之积，即

$$\boldsymbol{A}\times\boldsymbol{B}=\boldsymbol{e}_\perp AB\sin\theta$$

由图 1.1.7 可以得到

$$\boldsymbol{A}\times\boldsymbol{B}=-\boldsymbol{B}\times\boldsymbol{A}$$

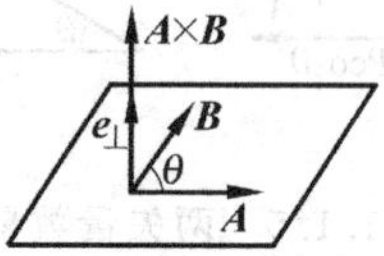

图 1.1.7　两矢量叉积

我们同样可以得到

$$\boldsymbol{A}\times(\boldsymbol{B}+\boldsymbol{C})=\boldsymbol{A}\times\boldsymbol{B}+\boldsymbol{A}\times\boldsymbol{C}$$

两矢量 $\boldsymbol{A}$ 和 $\boldsymbol{B}$ 的叉积的几何意义：它是以 $\boldsymbol{A}$ 和 $\boldsymbol{B}$ 为邻边构成的平行四边形的面积矢量 $\boldsymbol{S}$，如图 1.1.8 所示.

平行四边形的面积矢量 $\boldsymbol{S}$ 由下式给出：

$$\boldsymbol{S}=\boldsymbol{A}\times\boldsymbol{B}$$

其大小为由 $\boldsymbol{A}$ 和 $\boldsymbol{B}$ 为邻边构成的平行四边形面积.

例 1.1.2　如果 $\boldsymbol{A}$、$\boldsymbol{B}$、$\boldsymbol{C}$ 构成一三角形的三条边，A、B、C 分别表示它们的长，如图 1.1.9 所示. 利用矢量证明三角形的正弦定理.

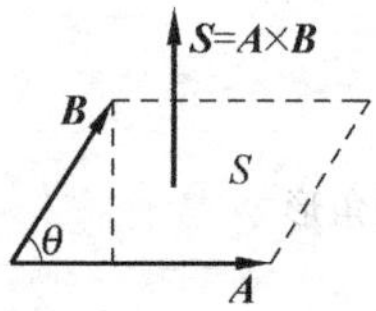

图 1.1.8　由矢量 $\boldsymbol{A}$ 和 $\boldsymbol{B}$ 构成的面积矢量 $\boldsymbol{S}$

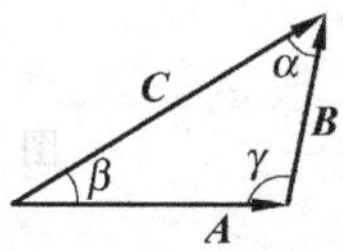

图 1.1.9　三矢量 $\boldsymbol{A}$、$\boldsymbol{B}$、$\boldsymbol{C}$ 构成的三角形

解　由图 1.1.9 可知

$$\boldsymbol{B}=\boldsymbol{C}-\boldsymbol{A}$$

因为

$$\boldsymbol{B}\times\boldsymbol{B}=\boldsymbol{B}\times(\boldsymbol{C}-\boldsymbol{A})=\boldsymbol{0}$$

由此得

$$\boldsymbol{B}\times\boldsymbol{C}=\boldsymbol{B}\times\boldsymbol{A}$$

或写成

$$BC\sin\alpha=BA\sin(\pi-\gamma)=BA\sin\gamma$$

由此得出

$$\frac{A}{\sin\alpha}=\frac{C}{\sin\gamma}$$

同样，我们可以得到

$$\frac{A}{\sin\alpha}=\frac{B}{\sin\beta}$$

因此，

$$\frac{A}{\sin\alpha}=\frac{B}{\sin\beta}=\frac{C}{\sin\gamma}$$

1.1.5　三矢量积

三矢量积分为数量三重积和矢量三重积.

三矢量 $\boldsymbol{A}$、$\boldsymbol{B}$ 和 $\boldsymbol{C}$ 的**数量三重积**是一数量，其表示为

$$\boldsymbol{C}\cdot(\boldsymbol{A}\times\boldsymbol{B})$$

若以 $\boldsymbol{e}_\perp$ 表示 $\boldsymbol{A}\times\boldsymbol{B}$ 方向上的单位矢量，则有

$$\boldsymbol{C}\cdot(\boldsymbol{A}\times\boldsymbol{B})=C(AB\sin\theta)\cos\phi=ABC\sin\theta\cos\phi$$

其中，θ 是 $\boldsymbol{A}$ 和 $\boldsymbol{B}$ 之间的夹角，ϕ 是 $\boldsymbol{C}$ 和 $\boldsymbol{e}_\perp$ 之间的夹角. 如果一平行六面体由 $\boldsymbol{A}$、$\boldsymbol{B}$ 和 $\boldsymbol{C}$ 构成，如图 1.1.10 所示，则它的体积就是 $\boldsymbol{A}$、$\boldsymbol{B}$、$\boldsymbol{C}$ 的数量三重积，这就是三矢量的数量三重积的几何意义.

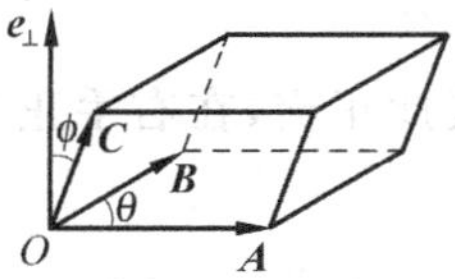

图 1.1.10　三矢量数量三重积

由图 1.1.10，我们可以得到一个重要等式

$$\boldsymbol{A}\cdot(\boldsymbol{B}\times\boldsymbol{C})=(\boldsymbol{A}\times\boldsymbol{B})\cdot\boldsymbol{C}=\boldsymbol{B}\cdot(\boldsymbol{C}\times\boldsymbol{A})$$

三矢量 $\boldsymbol{A}$、$\boldsymbol{B}$、$\boldsymbol{C}$ 的**矢量三重积**是一矢量，其表示为 $\boldsymbol{A}\times(\boldsymbol{B}\times\boldsymbol{C})$. 利用前面介绍的矢量运算方法和矢量图形表示法，可以证明下面一个很有用的等式：

$$\boldsymbol{A}\times(\boldsymbol{B}\times\boldsymbol{C})=(\boldsymbol{A}\cdot\boldsymbol{C})\boldsymbol{B}-(\boldsymbol{A}\cdot\boldsymbol{B})\boldsymbol{C}$$

明显地，$\boldsymbol{A}\times(\boldsymbol{B}\times\boldsymbol{C})\neq(\boldsymbol{A}\times\boldsymbol{B})\times\boldsymbol{C}$. 因此，式中的括号不能省略.

1.2　坐标系

前面讨论了矢量运算的一般规则和图形表示. 从数学的角度上，当矢量分解为三个沿三个相互正交方向的分量时，运算是非常方便的. 本节中，我们将介绍曲线正交坐标系及最有用的三个正交坐标系：直角(笛卡儿)坐标系、柱坐标系和球坐标系.

1.2.1 曲线正交坐标系

电磁场定律和物理量并不随坐标变化.事实上,它们是通过坐标系来表达的.所选的坐标系应适合于给定问题的几何形状.

在三维空间中,一个点 P 的位置可由三个曲面的交点来确定.这三个曲面由 $u_1=$常数、$u_2=$常数、$u_3=$常数来表示.u_1、u_2 和 u_3 称为**坐标变量**.如果三个曲面相互正交,我们得到一个正交坐标系.

令 $\boldsymbol{e}_1$、$\boldsymbol{e}_2$ 和 $\boldsymbol{e}_3$ 分别表示三维正交坐标系中指向 u_1、u_2 和 u_3 正位移方向的单位矢量,如图 1.2.1 所示.在 P 点,它们相应地分别垂直 $u_1=$常数、$u_2=$常数、$u_3=$常数构成的曲面.由变量 u_1、u_2 和 u_3 组成,且其相应单位矢量相互垂直的坐标系称为**正交曲线坐标系**.

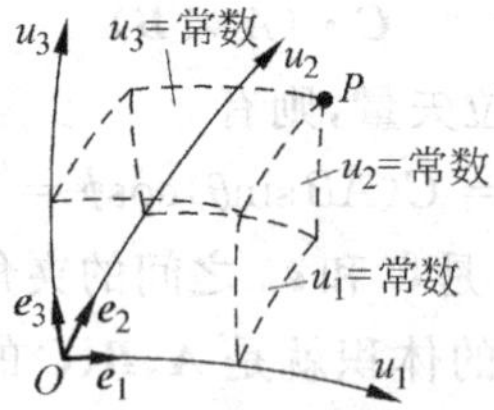

图 1.2.1 曲线坐标系

由于三个曲面在空间各点彼此正交,在右手正交坐标系中,三个单位矢量的关系为

$$\boldsymbol{e}_1 \times \boldsymbol{e}_2 = \boldsymbol{e}_3$$
$$\boldsymbol{e}_2 \times \boldsymbol{e}_3 = \boldsymbol{e}_1$$
$$\boldsymbol{e}_3 \times \boldsymbol{e}_1 = \boldsymbol{e}_2$$

及

$$\boldsymbol{e}_i \cdot \boldsymbol{e}_j = \delta_{ij}$$

其中

$$i,j = 1,2,3 \text{ 及 } \delta_{ij} = \begin{cases} 1, & i = j \\ 0, & i \neq j \end{cases}$$

因此,在三维正交坐标系(u_1, u_2, u_3)中,空间某点的矢量 $\boldsymbol{A}$ 可表达为

$$\boldsymbol{A} = A_1\boldsymbol{e}_1 + A_2\boldsymbol{e}_2 + A_3\boldsymbol{e}_3$$

其中 A_1, A_2, A_3 是矢量 $\boldsymbol{A}$ 在该点沿相应坐标曲线上的分量(简称**坐标分量**).

在矢量分析中,我们常需要进行线、面、体的积分运算.这些积分都需要微分元.然而,有些坐标变量并不一定是长度.例如,稍后介绍的柱坐标中的坐标变量 φ,球坐标中的坐标变量 θ 和 φ,它们都表示角度.因此,我们需要有一个变换因子,将不表示

长度的微分元 $\mathrm{d}u_i$ 转变为相应坐标变量方向的微分长度元 $\mathrm{d}l_i$. 因此,微分长度元可写成

$$\mathrm{d}l_i = h_i \mathrm{d}u_i, \quad i = 1,2,3$$

其中 h_i 称为**度规系数**,它可能是 u_1, u_2, u_3 的函数. 例如,二维极坐标中 $(u_1, u_2) = (r, \varphi)$,沿 $\boldsymbol{e}_\varphi$ 方向的微分长度元 $\mathrm{d}l_2 = r\mathrm{d}\varphi (h_2 = r = u_2)$ 是对应于坐标变量 φ 的微分元 $\mathrm{d}\varphi (= \mathrm{d}u_2)$. 由此,在曲线正交坐标系中,一个有向微分线元

$$\mathrm{d}\boldsymbol{l} = \mathrm{d}l_1 \boldsymbol{e}_1 + \mathrm{d}l_2 \boldsymbol{e}_2 + \mathrm{d}l_3 \boldsymbol{e}_3$$

可表示为

$$\mathrm{d}\boldsymbol{l} = h_1 \mathrm{d}u_1 \boldsymbol{e}_1 + h_2 \mathrm{d}u_2 \boldsymbol{e}_2 + h_3 \mathrm{d}u_3 \boldsymbol{e}_3$$

同样,在 u_1 = 常数的曲面上,大小为 $\mathrm{d}S_1$ 的有向面积元 $\mathrm{d}\boldsymbol{S}_1$ 可以表示为

$$\mathrm{d}\boldsymbol{S}_1 = \mathrm{d}l_2 \mathrm{d}l_3 \boldsymbol{e}_1 = h_2 h_3 \mathrm{d}u_2 \mathrm{d}u_3 \boldsymbol{e}_1$$

同理,在 u_2 = 常数和 u_3 = 常数的曲面上,大小为 $\mathrm{d}S_2$ 和 $\mathrm{d}S_3$ 的有向面积元 $\mathrm{d}\boldsymbol{S}_2$ 和 $\mathrm{d}\boldsymbol{S}_3$ 分别表示为

$$\mathrm{d}\boldsymbol{S}_2 = \mathrm{d}l_1 \mathrm{d}l_3 \boldsymbol{e}_2 = h_1 h_3 \mathrm{d}u_1 \mathrm{d}u_3 \boldsymbol{e}_2$$

$$\mathrm{d}\boldsymbol{S}_3 = \mathrm{d}l_1 \mathrm{d}l_2 \boldsymbol{e}_3 = h_1 h_2 \mathrm{d}u_1 \mathrm{d}u_2 \boldsymbol{e}_3$$

因此,空间中一个有向微分面积元 $\mathrm{d}\boldsymbol{S}$ 可表示为

$$\begin{aligned} \mathrm{d}\boldsymbol{S} &= \mathrm{d}l_2 \mathrm{d}l_3 \boldsymbol{e}_1 + \mathrm{d}l_1 \mathrm{d}l_3 \boldsymbol{e}_2 + \mathrm{d}l_1 \mathrm{d}l_2 \boldsymbol{e}_3 \\ &= h_2 h_3 \mathrm{d}u_2 \mathrm{d}u_3 \boldsymbol{e}_1 + h_1 h_3 \mathrm{d}u_1 \mathrm{d}u_3 \boldsymbol{e}_2 + h_1 h_2 \mathrm{d}u_1 \mathrm{d}u_2 \boldsymbol{e}_3 \end{aligned}$$

空间中的体积元 $\mathrm{d}V$ 可表示为

$$\mathrm{d}V = \mathrm{d}l_1 \mathrm{d}l_2 \mathrm{d}l_3 = h_1 h_2 h_3 \mathrm{d}u_1 \mathrm{d}u_2 \mathrm{d}u_3$$

在正交曲线坐标系中,两矢量 $\boldsymbol{A}$ 和 $\boldsymbol{B}$ 的点积表示为

$$\begin{aligned} \boldsymbol{A} \cdot \boldsymbol{B} &= (A_1 \boldsymbol{e}_1 + A_2 \boldsymbol{e}_2 + A_3 \boldsymbol{e}_3) \cdot (B_1 \boldsymbol{e}_1 + B_2 \boldsymbol{e}_2 + B_3 \boldsymbol{e}_3) \\ &= A_1 B_1 + A_2 B_2 + A_3 B_3 \end{aligned}$$

两矢量 $\boldsymbol{A}$ 和 $\boldsymbol{B}$ 的叉积表示为

$$\begin{aligned} \boldsymbol{A} \times \boldsymbol{B} &= (A_1 \boldsymbol{e}_1 + A_2 \boldsymbol{e}_2 + A_3 \boldsymbol{e}_3) \times (B_1 \boldsymbol{e}_1 + B_2 \boldsymbol{e}_2 + B_3 \boldsymbol{e}_3) \\ &= \begin{vmatrix} \boldsymbol{e}_1 & \boldsymbol{e}_2 & \boldsymbol{e}_3 \\ A_1 & A_2 & A_3 \\ B_1 & B_2 & B_3 \end{vmatrix} \end{aligned}$$

同理可以得到

$$\boldsymbol{A} \cdot (\boldsymbol{B} \times \boldsymbol{C}) = \begin{vmatrix} A_1 & A_2 & A_3 \\ B_1 & B_2 & B_3 \\ C_1 & C_2 & C_3 \end{vmatrix}$$

事实上,有许多正交坐标系,但最常用的是三个正交坐标系:直角(笛卡儿)坐标系、柱坐标系和球坐标系. 下面一一介绍.

1.2.2 直角坐标系

直角坐标系由三条相互正交的直线构成，这三条直线分别称为 x 轴、y 轴和 z 轴，$(u_1,u_2,u_3)=(x,y,z)$. 因坐标变量微元已是长度微元，因此直角坐标系度规系数是

$$(h_1,h_2,h_3)=(1,1,1)$$

这些轴的交点是原点，三个坐标变量的范围是从 $-\infty \sim \infty$. 相应的单位方向矢量是 $\boldsymbol{e}_x$、$\boldsymbol{e}_y$ 和 $\boldsymbol{e}_z$，它们分别在 x 轴、y 轴、z 轴的方向. 三个单位矢量的关系为

$$\boldsymbol{e}_x \times \boldsymbol{e}_y = \boldsymbol{e}_z$$
$$\boldsymbol{e}_y \times \boldsymbol{e}_z = \boldsymbol{e}_x, \quad \boldsymbol{e}_i \cdot \boldsymbol{e}_j = \delta_{ij}$$
$$\boldsymbol{e}_z \times \boldsymbol{e}_x = \boldsymbol{e}_y$$

空间中一给定点 $P(x_0,y_0,z_0)$ 是三个面 $x=x_0, y=y_0, z=z_0$ 的交点，如图 1.2.2 所示.

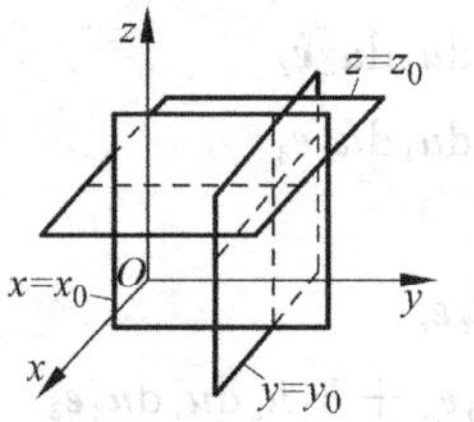

图 1.2.2　直角坐标系

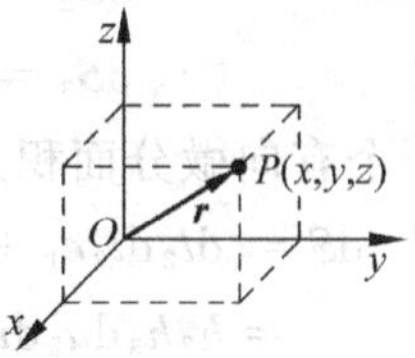

图 1.2.3　位置矢量 $\boldsymbol{r}$ 的投影

P 点的位置矢量 $\boldsymbol{r}$，它是由坐标原点 O 指向 P 点的矢量，如图 1.2.3 所示. 利用其坐标分量可以表达为

$$\boldsymbol{r} = x\boldsymbol{e}_x + y\boldsymbol{e}_y + z\boldsymbol{e}_z$$

矢量 $\boldsymbol{A}$ 可表达为

$$\boldsymbol{A} = A_x\boldsymbol{e}_x + A_y\boldsymbol{e}_y + A_z\boldsymbol{e}_z$$

两矢量 $\boldsymbol{A}$ 和 $\boldsymbol{B}$ 的点积表示为

$$\boldsymbol{A} \cdot \boldsymbol{B} = A_xB_x + A_yB_y + A_zB_z$$

两矢量 $\boldsymbol{A}$ 和 $\boldsymbol{B}$ 的叉积表示为

$$\boldsymbol{A} \times \boldsymbol{B} = \begin{vmatrix} \boldsymbol{e}_x & \boldsymbol{e}_y & \boldsymbol{e}_z \\ A_x & A_y & A_z \\ B_x & B_y & B_z \end{vmatrix}$$

数量三重积表示为

$$\boldsymbol{A} \cdot (\boldsymbol{B} \times \boldsymbol{C}) = \begin{vmatrix} A_x & A_y & A_z \\ B_x & B_y & B_z \\ C_x & C_y & C_z \end{vmatrix}$$

在直角坐标系中，有向微线元 d$\boldsymbol{l}$ 可表达为

$$\mathrm{d}\boldsymbol{l} = \mathrm{d}x\boldsymbol{e}_x + \mathrm{d}y\boldsymbol{e}_y + \mathrm{d}z\boldsymbol{e}_z$$

有向微面元d$\boldsymbol{S}$可表达为

$$\mathrm{d}\boldsymbol{S} = \mathrm{d}y\mathrm{d}z\boldsymbol{e}_x + \mathrm{d}x\mathrm{d}z\boldsymbol{e}_y + \mathrm{d}x\mathrm{d}y\boldsymbol{e}_z$$

体积微元可表达为

$$\mathrm{d}V = \mathrm{d}x\mathrm{d}y\mathrm{d}z$$

1.2.3 柱坐标系

柱坐标系由一个柱面、一个半无限大平面和一个无限大平面构成. 坐标变量半径 r，角度 ϕ 和高 z 如图 1.2.4 所示，$(u_1, u_2, u_3)=(r,\phi,z)$. 其相应的取值范围分别为

$$0 \leqslant r < \infty, \quad 0 \leqslant \phi \leqslant 2\pi, \quad -\infty < z < \infty$$

相应的坐标单位矢量为 $\boldsymbol{e}_r$、$\boldsymbol{e}_\phi$ 和 $\boldsymbol{e}_z$，其正方向分别为 r、ϕ、z 增加的方向. 在柱坐标中，$\boldsymbol{e}_z$ 是一个常矢量. $\boldsymbol{e}_r$ 和 $\boldsymbol{e}_\phi$ 在空间各点方向不一定一样，因此 $\boldsymbol{e}_r$ 和 $\boldsymbol{e}_\phi$ 是变矢量. 给定空间中的某点 $P(r_0, \phi_0, z_0)$是三个面的交点，如图 1.2.4 所示.

由于 dr 和 dz 是长度元，因此它们的度规系数为 $h_1=h_3=1$. ϕ 是角度，我们需要一个度规系数 h_2 将 dϕ(du_2)转换成沿坐标变量 ϕ 增加方向上的长度微分元 dl_2. 由图 1.2.5，d$l_2=r$dϕ，我们得到 $h_2=r$. 因此，柱坐标系的度规系数是

$$(h_1, h_2, h_3) = (1, r, 1)$$

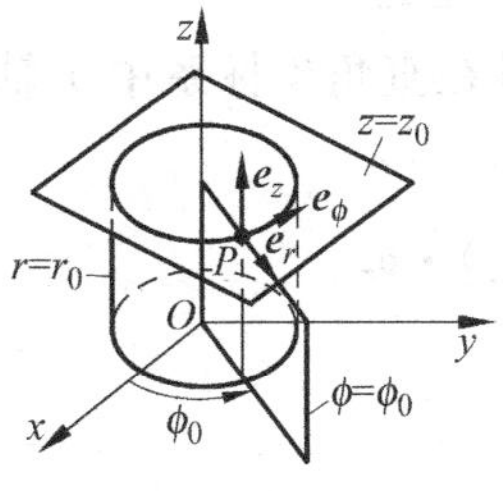

图 1.2.4 柱坐标系

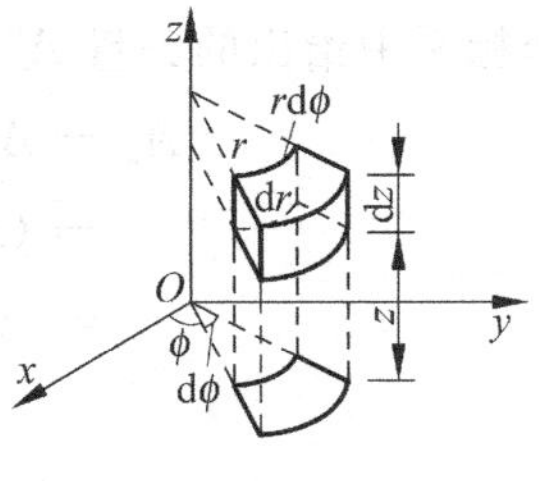

图 1.2.5 柱坐标中的微分体积元

在柱坐标系中，矢量 $\boldsymbol{A}$ 可表示为

$$\boldsymbol{A} = A_r\boldsymbol{e}_r + A_\phi\boldsymbol{e}_\phi + A_z\boldsymbol{e}_z$$

有向长度微元 d$\boldsymbol{l}$、有向面积微元 d$\boldsymbol{S}$ 和体积元 dV 分别表示为

$$\mathrm{d}\boldsymbol{l} = \mathrm{d}r\boldsymbol{e}_r + r\mathrm{d}\phi\boldsymbol{e}_\phi + \mathrm{d}z\boldsymbol{e}_z$$

$$\mathrm{d}\boldsymbol{S} = r\mathrm{d}\phi\mathrm{d}z\boldsymbol{e}_r + \mathrm{d}r\mathrm{d}z\boldsymbol{e}_\phi + r\mathrm{d}r\mathrm{d}\phi\boldsymbol{e}_z$$

$$\mathrm{d}V = r\mathrm{d}r\mathrm{d}\phi\mathrm{d}z$$

如图 1.2.6 所示，我们得到

$$\boldsymbol{e}_x \cdot \boldsymbol{e}_r = \cos\phi, \quad \boldsymbol{e}_x \cdot \boldsymbol{e}_\phi = -\sin\phi$$

$$\boldsymbol{e}_y \cdot \boldsymbol{e}_r = \sin\phi, \quad \boldsymbol{e}_y \cdot \boldsymbol{e}_\phi = \cos\phi$$

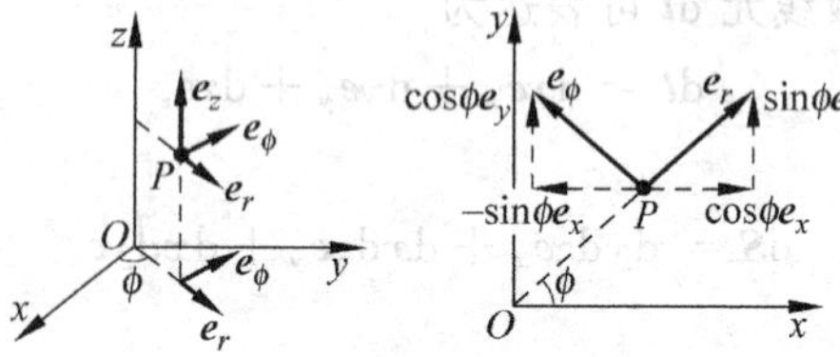

图 1.2.6　各单位矢量在点 $\boldsymbol{P}$ 的方向和分量

以及

$$\begin{cases} \boldsymbol{e}_r = \cos\phi \boldsymbol{e}_x + \sin\phi \boldsymbol{e}_y \\ \boldsymbol{e}_\phi = -\sin\phi \boldsymbol{e}_x + \cos\phi \boldsymbol{e}_y \end{cases}$$

由此，我们得到直角坐标和柱坐标之间单位矢量的变换关系：

$$\begin{bmatrix} \boldsymbol{e}_r \\ \boldsymbol{e}_\phi \\ \boldsymbol{e}_z \end{bmatrix} = \begin{bmatrix} \cos\phi & \sin\phi & 0 \\ -\sin\phi & \cos\phi & 0 \\ 0 & 0 & 1 \end{bmatrix} \begin{bmatrix} \boldsymbol{e}_x \\ \boldsymbol{e}_y \\ \boldsymbol{e}_z \end{bmatrix}$$

其逆变换为

$$\begin{bmatrix} \boldsymbol{e}_x \\ \boldsymbol{e}_y \\ \boldsymbol{e}_z \end{bmatrix} = \begin{bmatrix} \cos\phi & -\sin\phi & 0 \\ \sin\phi & \cos\phi & 0 \\ 0 & 0 & 1 \end{bmatrix} \begin{bmatrix} \boldsymbol{e}_r \\ \boldsymbol{e}_\phi \\ \boldsymbol{e}_z \end{bmatrix}$$

在柱坐标系中给出的矢量 $A_r\boldsymbol{e}_r + A_\phi\boldsymbol{e}_\phi + A_z\boldsymbol{e}_z$，其在直角坐标系中 x 轴分量为

$$\begin{aligned} A_x &= \boldsymbol{A} \cdot \boldsymbol{e}_x \\ &= (A_r\boldsymbol{e}_r + A_\phi\boldsymbol{e}_\phi + A_z\boldsymbol{e}_z) \cdot \boldsymbol{e}_x \\ &= A_r\cos\phi - A_\phi\sin\phi \end{aligned}$$

类似有

$$\begin{aligned} A_y &= A_r\sin\phi + A_\phi\cos\phi \\ A_z &= A_z \end{aligned}$$

上面结果写成矩阵形式：

$$\begin{bmatrix} A_x \\ A_y \\ A_z \end{bmatrix} = \begin{bmatrix} \cos\phi & -\sin\phi & 0 \\ \sin\phi & \cos\phi & 0 \\ 0 & 0 & 1 \end{bmatrix} \begin{bmatrix} A_r \\ A_\varphi \\ A_z \end{bmatrix} \tag{1.2.1}$$

其逆变换：

$$\begin{bmatrix} A_r \\ A_\phi \\ A_z \end{bmatrix} = \begin{bmatrix} \cos\phi & -\sin\phi & 0 \\ \sin\phi & \cos\phi & 0 \\ 0 & 0 & 1 \end{bmatrix}^{-1} \begin{bmatrix} A_x \\ A_y \\ A_z \end{bmatrix} = \begin{bmatrix} \cos\phi & \sin\phi & 0 \\ -\sin\phi & \cos\phi & 0 \\ 0 & 0 & 1 \end{bmatrix} \begin{bmatrix} A_x \\ A_y \\ A_z \end{bmatrix} \tag{1.2.2}$$

例 1.2.1 在柱坐标中，给定点 $P\left(2,\frac{\pi}{6},3\right)$ 的矢量 $\boldsymbol{A}=2\boldsymbol{e}_r+2\boldsymbol{e}_\phi+\boldsymbol{e}_z$，给定点 $Q\left(4,\frac{\pi}{3},5\right)$ 的矢量 $\boldsymbol{B}=\boldsymbol{e}_r+\boldsymbol{e}_\phi-\boldsymbol{e}_z$，求出在给定点 $S\left(6,\frac{\pi}{4},7\right)$ 的矢量 $\boldsymbol{C}=\boldsymbol{A}+\boldsymbol{B}$.

解 单位矢量 $\boldsymbol{e}_r$ 及 $\boldsymbol{e}_\phi$ 的方向在空间各点并不一样. 因此，不能将两矢量直接相加. 为方便，我们将其转换到直角坐标系中计算.

由式(1.2.1)，在点 $P\left(2,\frac{\pi}{6},3\right)$ 的矢量 $\boldsymbol{A}$ 可表示为

$$\begin{bmatrix}A_x\\A_y\\A_z\end{bmatrix}=\begin{bmatrix}\cos30^\circ & -\sin30^\circ & 0\\ \sin30^\circ & \cos30^\circ & 0\\ 0 & 0 & 1\end{bmatrix}\begin{bmatrix}2\\2\\1\end{bmatrix}=\begin{bmatrix}0.73\\2.73\\1\end{bmatrix}$$

同样地，对于矢量 $\boldsymbol{B}$ 有

$$\begin{bmatrix}B_x\\B_y\\B_z\end{bmatrix}=\begin{bmatrix}\cos60^\circ & -\sin60^\circ & 0\\ \sin60^\circ & \mathrm{con}60^\circ & 0\\ 0 & 0 & 1\end{bmatrix}\begin{bmatrix}1\\1\\-1\end{bmatrix}=\begin{bmatrix}0.37\\1.87\\-1\end{bmatrix}$$

因此

$$\boldsymbol{C}=\boldsymbol{A}+\boldsymbol{B}=1.10\boldsymbol{e}_x+4.60\boldsymbol{e}_y$$

由式(1.2.2)，我们再将矢量 $\boldsymbol{C}$ 转换成在柱坐标系中点 $S\left(6,\frac{\pi}{4},7\right)$ 的表达式

$$\begin{bmatrix}C_r\\C_\phi\\C_z\end{bmatrix}=\begin{bmatrix}\cos45^\circ & \sin45^\circ & 0\\ -\sin45^\circ & \cos45^\circ & 0\\ 0 & 0 & 1\end{bmatrix}\begin{bmatrix}1.10\\4.60\\0\end{bmatrix}=\begin{bmatrix}4.03\\2.47\\0\end{bmatrix}$$

因此

$$\boldsymbol{C}=4.03\boldsymbol{e}_r+2.47\boldsymbol{e}_\phi$$

这里要注意的是，一个矢量在坐标系转换时，并不改变矢量的大小和方向.

1.2.4 球坐标系

球坐标系是由一个球面、一个锥面和一个半无限大的平面构成. 在球坐标系中，三个坐标变量是半径 r、角度 θ 和 ϕ，$(u_1,u_2,u_3)=(r,\theta,\phi)$，如图 1.2.7 所示. 其取值范围为

$$0\leqslant r<\infty,\quad 0\leqslant\theta\leqslant\pi,\quad 0\leqslant\phi\leqslant 2\pi$$

在点 P，单位矢量 $\boldsymbol{e}_r$、$\boldsymbol{e}_\theta$、$\boldsymbol{e}_\phi$ 的方向分别是 r、θ 和 ϕ 增加方向. 显然，这三个单位矢量都是变矢量. 对于空间中的给定点 $P(r_0,\theta_0,\phi_0)$，它是三个面 $r=r_0$、$\theta=\theta_0$、$\phi=\phi_0$ 的交点，如图 1.2.7 所示.

由于 $\mathrm{d}r$ 已是一长度微元，因此 $h_1=1$. 而坐标变量 θ 和 ϕ 是角度，我们需要度规系数 h_2，h_3 将 $\mathrm{d}\theta(\mathrm{d}u_2)$ 和 $\mathrm{d}\phi(\mathrm{d}u_3)$ 转换为沿坐标变量 θ 和 ϕ 增加方向的长度元 $\mathrm{d}l_2$ 和

dl_3. 如图 1.2.8 所示，我们很容易得到 $h_2 = r, h_3 = r\sin\theta$. 因此，球坐标系的度规系数是

$$(h_1, h_2, h_3) = (1, r, r\sin\theta)$$

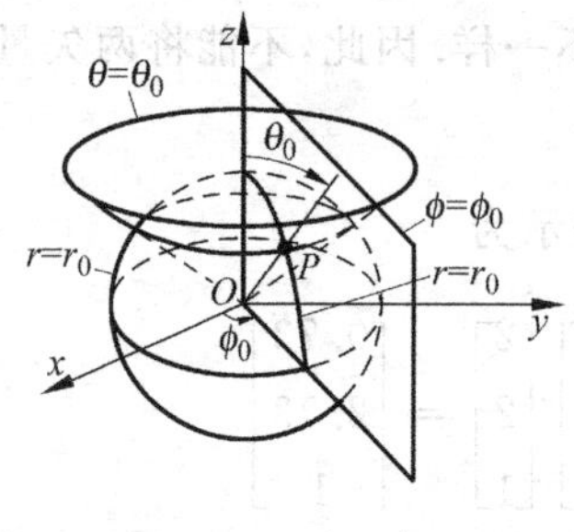

图 1.2.7　球坐标系

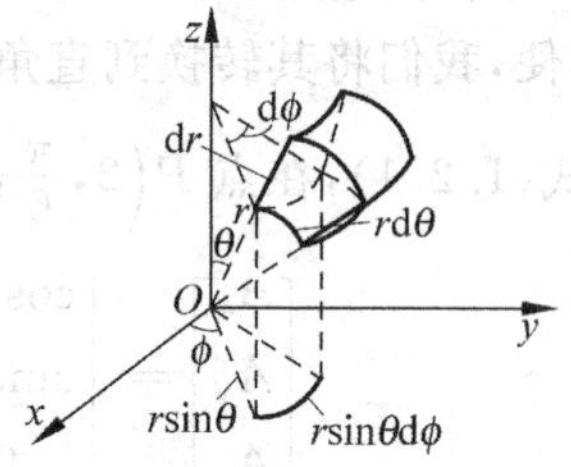

图 1.2.8　球坐标系中的微分体积元

在球坐标系中，矢量 $\boldsymbol{A}$ 表达为

$$\boldsymbol{A} = A_r\boldsymbol{e}_r + A_\theta\boldsymbol{e}_\theta + A_\phi\boldsymbol{e}_\phi$$

有向长度微元 $d\boldsymbol{l}$、有向面积微元 $d\boldsymbol{S}$ 和体积微元 dV 分别表示为

$$d\boldsymbol{l} = dr\boldsymbol{e}_r + rd\theta\boldsymbol{e}_\theta + r\sin\theta\, d\phi\boldsymbol{e}_\phi$$

$$d\boldsymbol{S} = r^2\sin\theta\, d\theta\, d\phi\boldsymbol{e}_r + r\sin\theta\, drd\phi\boldsymbol{e}_\theta + rdrd\theta\boldsymbol{e}_\phi$$

$$dV = r^2\sin\theta\, drd\theta\, d\phi$$

由图 1.2.9，我们得到

$$\boldsymbol{e}_r \cdot \boldsymbol{e}_x = \sin\theta\cos\phi$$

$$\boldsymbol{e}_r \cdot \boldsymbol{e}_y = \sin\theta\sin\phi$$

$$\boldsymbol{e}_r \cdot \boldsymbol{e}_z = \cos\theta$$

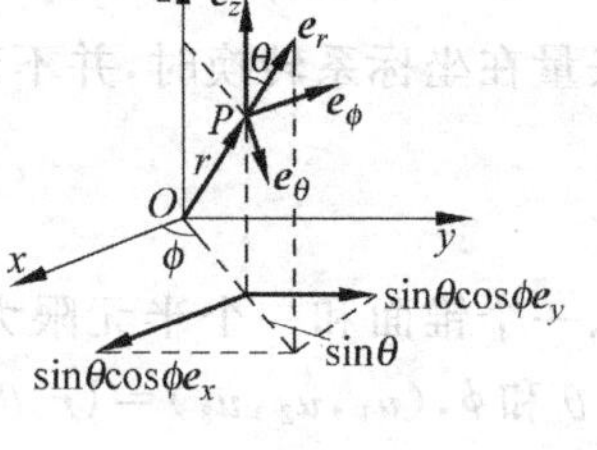

图 1.2.9　单位矢量的方向及 $\boldsymbol{e}_r$ 的投影

同样可以得到

$$\boldsymbol{e}_\theta \cdot \boldsymbol{e}_x = \cos\theta\cos\phi, \quad \boldsymbol{e}_\theta \cdot \boldsymbol{e}_y = \cos\theta\sin\phi$$

$$\boldsymbol{e}_\theta \cdot \boldsymbol{e}_z = -\sin\theta, \quad \boldsymbol{e}_\phi \cdot \boldsymbol{e}_x = -\sin\phi$$

$$\boldsymbol{e}_\phi \cdot \boldsymbol{e}_y = \cos\phi, \quad \boldsymbol{e}_r \cdot \boldsymbol{e}_z = 0$$

由此，我们得到球坐标系和直角坐标系之间单位矢量的变换关系：

$$\begin{bmatrix} \boldsymbol{e}_r \\ \boldsymbol{e}_\theta \\ \boldsymbol{e}_\phi \end{bmatrix} = \begin{bmatrix} \sin\theta\cos\phi & \sin\theta\sin\phi & \cos\theta \\ \cos\theta\cos\phi & \cos\theta\sin\phi & -\sin\theta \\ -\sin\phi & \cos\phi & 0 \end{bmatrix} \begin{bmatrix} \boldsymbol{e}_x \\ \boldsymbol{e}_y \\ \boldsymbol{e}_z \end{bmatrix}$$

其逆变换：

$$\begin{bmatrix} \boldsymbol{e}_x \\ \boldsymbol{e}_y \\ \boldsymbol{e}_z \end{bmatrix} = \begin{bmatrix} \sin\theta\cos\phi & \cos\theta\cos\phi & -\sin\phi \\ \sin\theta\sin\phi & \cos\theta\sin\phi & \cos\phi \\ \cos\theta & -\sin\theta & 0 \end{bmatrix} \begin{bmatrix} \boldsymbol{e}_r \\ \boldsymbol{e}_\theta \\ \boldsymbol{e}_\phi \end{bmatrix}$$

按照前面的方法，可以得到

$$\begin{bmatrix} A_r \\ A_\theta \\ A_\phi \end{bmatrix} = \begin{bmatrix} \sin\theta\cos\phi & \sin\theta\sin\phi & \cos\theta \\ \cos\theta\cos\phi & \cos\theta\sin\phi & -\sin\theta \\ -\sin\phi & \cos\phi & 0 \end{bmatrix} \begin{bmatrix} A_x \\ A_y \\ A_z \end{bmatrix} \tag{1.2.3}$$

及

$$\begin{bmatrix} A_x \\ A_y \\ A_z \end{bmatrix} = \begin{bmatrix} \sin\theta\cos\phi & \cos\theta\cos\phi & -\sin\phi \\ \sin\theta\sin\phi & \cos\theta\sin\phi & \cos\phi \\ \cos\theta & -\sin\theta & 0 \end{bmatrix} \begin{bmatrix} A_r \\ A_\theta \\ A_\phi \end{bmatrix}$$

同样，可以得到矢量 $\boldsymbol{A}$ 在球坐标系和柱坐标系之间的变换关系：

$$\begin{bmatrix} A_r \\ A_\theta \\ A_\phi \end{bmatrix} = \begin{bmatrix} \sin\theta & 0 & \cos\theta \\ \cos\theta & 0 & -\sin\theta \\ 0 & 1 & 0 \end{bmatrix} \begin{bmatrix} A_r \\ A_\phi \\ A_z \end{bmatrix}$$

或

$$\begin{bmatrix} A_r \\ A_\phi \\ A_z \end{bmatrix} = \begin{bmatrix} \sin\theta & \cos\theta & 0 \\ 0 & 0 & 1 \\ \cos\theta & -\sin\theta & 0 \end{bmatrix} \begin{bmatrix} A_r \\ A_\theta \\ A_\phi \end{bmatrix}$$

例 1.2.2 在直角坐标系中点 $P(3,4,5)$，矢量 $\mathbf{A}=x\boldsymbol{e}_x+y^2\boldsymbol{e}_y+x^2y^2\boldsymbol{e}_z$. 写出其在球坐标系中的表达式.

解 如图 1.2.10，点 $P(3,4,5)$ 的位置矢量为

$$\boldsymbol{r} = 3\boldsymbol{e}_x + 4\boldsymbol{e}_y + 5\boldsymbol{e}_z$$

$r=\sqrt{3^2+4^2+5^2}=7.07$. 矢量 $\boldsymbol{r}$ 在 xOy 平面上的投影与 x 轴的夹角为

$$\phi = \arctan\frac{4}{3} = 53.13^\circ$$

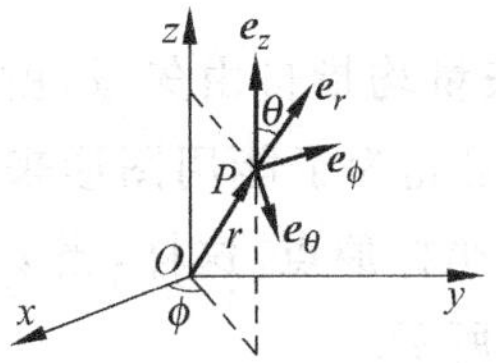

图 1.2.10 位置矢量 $\boldsymbol{r}$ 在 xOy 面的投影

矢量 $\boldsymbol{r}$ 与 z 轴的夹角为

$$\theta = \arccos \frac{5}{\sqrt{3^2 + 4^2 + 5^2}} = 45°$$

因此，点 P 在球坐标系中的坐标为(7.07,45°,53.13°).

因为 $\boldsymbol{A}=3\boldsymbol{e}_x+16\boldsymbol{e}_y+400\boldsymbol{e}_z$，由式(1.2.3)，得

$$A_r = 293.12 \quad A_\theta = -272.48 \quad A_\phi = 7.48$$

因此，在球坐标系中，矢量 $\boldsymbol{A}$ 在点 P 的表达式为

$$\boldsymbol{A} = 293.12\boldsymbol{e}_r - 272.48\boldsymbol{e}_\theta + 7.48\boldsymbol{e}_\phi$$

1.3 矢性函数

1.3.1 矢性函数的概念

若某一矢量的模和方向都保持不变，此矢量称为**常矢**，如某物体所受到的重力. 而在实际问题中遇到的更多的是模和方向或两者之一会发生变化的矢量，这种矢量称为**变矢**，如沿着某一曲线物体运动的速度 $\boldsymbol{v}$ 等. 零矢量的方向任意，可作为一个特殊的常矢量.

定义 1.3.1 设有数性变量 t 和变矢 $\boldsymbol{A}$，如果对于 t 在某个范围 G 内的每一个数值，$\boldsymbol{A}$ 都以一个确定的矢量和它对应，则称 $\boldsymbol{A}$ 为数性变量 t 的**矢性函数**，记作 $\boldsymbol{A}=\boldsymbol{A}(t)$，并称 G 为矢性函数 $\boldsymbol{A}$ 的**定义域**.

矢性函数 $\boldsymbol{A}(t)$ 在 $Oxyz$ 直角坐标系中的三个坐标(即它在三个坐标轴上的投影)，显然都是 t 的函数：$A_x(t)$，$A_y(t)$，$A_z(t)$，矢性函数的坐标表示式为

$$\boldsymbol{A} = A_x(t)\boldsymbol{e}_x + A_y(t)\boldsymbol{e}_y + A_z(t)\boldsymbol{e}_z$$

其中 $\boldsymbol{e}_x$、$\boldsymbol{e}_y$、$\boldsymbol{e}_z$ 为 x 轴、y 轴、z 轴三个坐标轴正向的单位矢量，但通常用 $\boldsymbol{i}$，$\boldsymbol{j}$，$\boldsymbol{k}$ 来表示. 因此上式可写成

$$\boldsymbol{A} = A_x(t)\boldsymbol{i} + A_y(t)\boldsymbol{j} + A_z(t)\boldsymbol{k}$$

可见，一个矢性函数和三个有序的数性函数(坐标)构成一一对应关系.

1.3.2 矢端曲线

定义 1.3.2 本章所讲的矢量均指自由矢量，就是当两矢量的模和方向都相同时，就认为此两矢量是相等的. 据此为了能用图形来直观地表示矢性函数的变化状态，我们就可以把它的起点取在坐标原点. 这样，当 t 变化时，矢量 $\boldsymbol{A}(t)$ 的终点 M 就描绘出一条曲线 L，如图 1.3.1 所示.

这条曲线 L 叫做矢性函数 $\boldsymbol{A}(t)$ 的**矢端曲线**，也叫做矢性函数 $\boldsymbol{A}(t)$ 的**图形**. 同

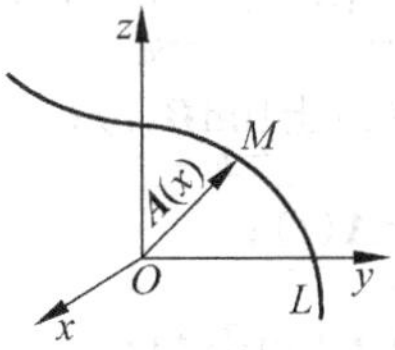

图 1.3.1 矢端曲线

时称

$$\boldsymbol{A} = A_x(t)\boldsymbol{i} + A_y(t)\boldsymbol{j} + A_z(t)\boldsymbol{k}$$

为此曲线 L 的**矢量方程**.

定义 1.3.3 起点在原点 O、终点为 M 的矢量 $\boldsymbol{OM}$ 称做点 M 的**矢径**,表示为

$$\boldsymbol{r} = \boldsymbol{OM} = x\boldsymbol{i} + y\boldsymbol{j} + z\boldsymbol{k}$$

设 $\boldsymbol{A}(t)=A_x(t)\boldsymbol{i}+A_y(t)\boldsymbol{j}+A_z(t)\boldsymbol{k}$,则称

$$x = A_x(t),\quad y = A_y(t),\quad z = A_z(t)$$

为曲线 L 的以 t 为参数的**参数方程**.

注 曲线 L 的矢量方程与参数方程之间存在着一一对应关系.

例 1.3.1 已知圆柱螺旋线的参数方程为$\begin{cases}x=a\cos\theta\\ y=a\sin\theta\\ z=b\theta\end{cases}$,求其矢量方程.

解 矢量方程为 $\boldsymbol{r}=a\cos\theta\boldsymbol{i}+a\sin\theta\boldsymbol{j}+b\theta\boldsymbol{k}$.

例 1.3.2 已知摆线的参数方程为 $x=a(t-\sin t)$,$y=a(1-\cos t)$,求其矢量方程.

解 矢量方程为 $\boldsymbol{r}=a(t-\sin t)\boldsymbol{i}+a(1-\cos t)\boldsymbol{j}$.

1.3.3 矢性函数的极限和连续性

定义 1.3.4 设有矢性函数 $\boldsymbol{A}(t)$在点 t_0 的某个邻域内有定义(但在点 t_0 处可以没有定义),$\boldsymbol{A}_0$ 为常矢,若对于任意给定的正数 ε,都存在一个正数 δ,使得当 t 满足 $0<|t-t_0|<\delta$ 时,都有 $|\boldsymbol{A}(t)-\boldsymbol{A}_0|<\varepsilon$ 成立,则称 $\boldsymbol{A}_0$ 为 $t\to t_0$ 时矢性函数 $\boldsymbol{A}(t)$的**极限**,记作$\lim\limits_{t\to t_0}\boldsymbol{A}(t)=\boldsymbol{A}_0$.

定理 1.3.1 设 $\boldsymbol{A}(t)=A_x(t)\boldsymbol{i}+A_y(t)\boldsymbol{j}+A_z(t)\boldsymbol{k}$,则在 t_0 处有极限的充分必要条件是 $A_x(t)$,$A_y(t)$,$A_z(t)$在 t_0 处有极限,并有

$$\lim_{t\to t_0}\boldsymbol{A}(t) = \lim_{t\to t_0}A_x(t)\boldsymbol{i} + \lim_{t\to t_0}A_y(t)\boldsymbol{j} + \lim_{t\to t_0}A_z(t)\boldsymbol{k}$$

证 (读者自证)

说明 把求矢性函数的极限归结为求三个数性函数的极限.

极限运算法则 若$\lim\limits_{t\to t_0}\boldsymbol{A}(t)$,$\lim\limits_{t\to t_0}\boldsymbol{B}(t)$,$\lim\limits_{t\to t_0}u(t)$存在,则

(1) $\lim\limits_{t\to t_0}[\boldsymbol{A}(t)\pm\boldsymbol{B}(t)]=\lim\limits_{t\to t_0}\boldsymbol{A}(t)\pm\lim\limits_{t\to t_0}\boldsymbol{B}(t)$;

(2) $\lim\limits_{t\to t_0}u(t)\boldsymbol{A}(t)=\lim\limits_{t\to t_0}u(t)\lim\limits_{t\to t_0}\boldsymbol{A}(t)$;

(3) $\lim\limits_{t\to t_0}\boldsymbol{A}(t)\cdot\boldsymbol{B}(t)=\lim\limits_{t\to t_0}\boldsymbol{A}(t)\cdot\lim\limits_{t\to t_0}\boldsymbol{B}(t)$;

(4) $\lim\limits_{t\to t_0}\boldsymbol{A}(t)\times\boldsymbol{B}(t)=\lim\limits_{t\to t_0}\boldsymbol{A}(t)\times\lim\limits_{t\to t_0}\boldsymbol{B}(t)$.

证 (读者自证)

定义 1.3.5 若矢性函数$\boldsymbol{A}(t)$在点t_0的某个邻域内有定义,并且有$\lim\limits_{t\to t_0}\boldsymbol{A}(t)=\boldsymbol{A}(t_0)$,则称$\boldsymbol{A}(t)$在点$t=t_0$处**连续**.

定理 1.3.2 矢性函数$\boldsymbol{A}(t)=A_x(t)\boldsymbol{i}+A_y(t)\boldsymbol{j}+A_z(t)\boldsymbol{k}$,在点$t_0$处连续的充要条件是$A_x(t)$,$A_y(t)$,$A_z(t)$均在点$t_0$处连续.

证 (读者自证)

若矢性函数$\boldsymbol{A}(t)$在某一区间内的每一点处均连续,则称它在该**区间内连续**.

1.4 矢性函数的导数与微分

1.4.1 矢性函数的导数

定义 1.4.1 矢性函数$\boldsymbol{A}(t)$在点t的某一邻域内有定义,并设$t+\Delta t$也在这邻域内,对应于Δt的增量为$\Delta\boldsymbol{A}(t)$,若极限$\lim\limits_{\Delta t\to 0}\dfrac{\Delta\boldsymbol{A}(t)}{\Delta t}$存在,则称此极限为矢性函数$\boldsymbol{A}(t)$在点$t$处的**导矢**.记作$\dfrac{\mathrm{d}\boldsymbol{A}}{\mathrm{d}t}$或$\boldsymbol{A}'(t)$.即

$$\frac{\mathrm{d}\boldsymbol{A}}{\mathrm{d}t}=\lim_{\Delta t\to 0}\frac{\Delta\boldsymbol{A}}{\Delta t}=\lim_{\Delta t\to 0}\frac{\boldsymbol{A}(t+\Delta t)-\boldsymbol{A}(t)}{\Delta t}$$

定理 1.4.1 矢性函数$\boldsymbol{A}(t)=A_x(t)\boldsymbol{i}+A_y(t)\boldsymbol{j}+A_z(t)\boldsymbol{k}$,在点$t$处可导的充要条件是$A_x(t)$,$A_y(t)$,$A_z(t)$在点$t$处均可导,且有$\boldsymbol{A}'(t)=A'_x(t)\boldsymbol{i}+A'_y(t)\boldsymbol{j}+A'_z(t)\boldsymbol{k}$.

证

$$\begin{aligned}\frac{\mathrm{d}\boldsymbol{A}}{\mathrm{d}t}&=\lim_{\Delta t\to 0}\frac{\Delta\boldsymbol{A}}{\Delta t}\\&=\lim_{\Delta t\to 0}\frac{\Delta A_x}{\Delta t}\boldsymbol{i}+\lim_{\Delta t\to 0}\frac{\Delta A_y}{\Delta t}\boldsymbol{j}+\lim_{\Delta t\to 0}\frac{\Delta A_z}{\Delta t}\boldsymbol{k}\\&=\frac{\mathrm{d}A_x}{\mathrm{d}t}\boldsymbol{i}+\frac{\mathrm{d}A_y}{\mathrm{d}t}\boldsymbol{j}+\frac{\mathrm{d}A_z}{\mathrm{d}t}\boldsymbol{k}\end{aligned}$$

即

$$\boldsymbol{A}'(t)=A'_x(t)\boldsymbol{i}+A'_y(t)\boldsymbol{j}+A'_z(t)\boldsymbol{k}$$

注　可把一个矢性函数导矢的计算转化为三个数性函数导数的计算.

例 1.4.1　已知圆柱螺旋线的矢量方程为 $\boldsymbol{r}(\theta)=a\cos\theta\boldsymbol{i}+a\sin\theta\boldsymbol{j}+b\theta\boldsymbol{k}$，求导矢 $\boldsymbol{r}'(\theta)$.

解

$$\begin{aligned}\boldsymbol{r}'(\theta)&=(a\cos\theta)'\boldsymbol{i}+(a\sin\theta)'\boldsymbol{j}+(b\theta)'\boldsymbol{k}\\&=-a\sin\theta\boldsymbol{i}+a\cos\theta\boldsymbol{j}+b\boldsymbol{k}\end{aligned}$$

1.4.2　导矢的几何意义

在几何上，导矢为一矢端曲线的切向矢量，指向对应 t 值增大的一方.

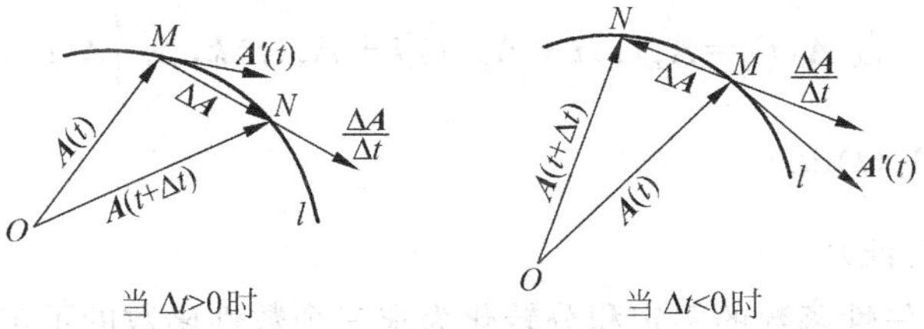

图 1.4.1　导矢的几何意义

1.4.3　矢性函数的求导法则

设矢性函数 $\boldsymbol{A}=\boldsymbol{A}(t)$，$\boldsymbol{B}=\boldsymbol{B}(t)$ 及数性函数 $u=u(t)$ 在 t 的某个范围内可导，则下列公式在该范围内成立

(1) $\dfrac{\mathrm{d}}{\mathrm{d}t}\boldsymbol{C}=\boldsymbol{0}$；

(2) $\dfrac{\mathrm{d}}{\mathrm{d}t}(\boldsymbol{A}\pm\boldsymbol{B})=\dfrac{\mathrm{d}\boldsymbol{A}}{\mathrm{d}t}\pm\dfrac{\mathrm{d}\boldsymbol{B}}{\mathrm{d}t}$；

(3) $\dfrac{\mathrm{d}}{\mathrm{d}t}(k\boldsymbol{A})=k\dfrac{\mathrm{d}\boldsymbol{A}}{\mathrm{d}t}$；

(4) $\dfrac{\mathrm{d}}{\mathrm{d}t}(u\boldsymbol{A})=\dfrac{\mathrm{d}u}{\mathrm{d}t}\boldsymbol{A}+u\dfrac{\mathrm{d}\boldsymbol{A}}{\mathrm{d}t}$；

(5) $\dfrac{\mathrm{d}}{\mathrm{d}t}(\boldsymbol{A}\cdot\boldsymbol{B})=\dfrac{\mathrm{d}\boldsymbol{A}}{\mathrm{d}t}\cdot\boldsymbol{B}+\boldsymbol{A}\cdot\dfrac{\mathrm{d}\boldsymbol{B}}{\mathrm{d}t}$；

(6) $\dfrac{\mathrm{d}}{\mathrm{d}t}(\boldsymbol{A}\times\boldsymbol{B})=\dfrac{\mathrm{d}\boldsymbol{A}}{\mathrm{d}t}\times\boldsymbol{B}+\boldsymbol{A}\times\dfrac{\mathrm{d}\boldsymbol{B}}{\mathrm{d}t}$；

(7) 复合函数求导公式：若 $\boldsymbol{A}=\boldsymbol{A}(u)$，$u=u(t)$，则 $\dfrac{\mathrm{d}\boldsymbol{A}}{\mathrm{d}t}=\dfrac{\mathrm{d}\boldsymbol{A}}{\mathrm{d}u}\dfrac{\mathrm{d}u}{\mathrm{d}t}$.

证　(读者自证)

1.5 矢性函数的积分

1.5.1 矢性函数的不定积分

定义 1.5.1 若$\boldsymbol{B}'(t)=\boldsymbol{A}(t)$,则称 $\boldsymbol{B}(t)$为 $\boldsymbol{A}(t)$的原函数,并把带有任意常矢量的原函数的一般表达式 $\boldsymbol{B}(t)+\boldsymbol{C}$ 称为矢性函数 $\boldsymbol{A}(t)$的**不定积分**,记作 $\int\boldsymbol{A}(t)\mathrm{d}t$, 即

$$\int\boldsymbol{A}(t)\mathrm{d}t=\boldsymbol{B}(t)+\boldsymbol{C}$$

定理 1.5.1 设 $\boldsymbol{A}(t)=A_x(t)\boldsymbol{i}+A_y(t)\boldsymbol{j}+A_z(t)\boldsymbol{k}$,则 $\int\boldsymbol{A}(t)\mathrm{d}t=\boldsymbol{i}\int A_x(t)\mathrm{d}t+\boldsymbol{j}\int A_y(t)\mathrm{d}t+\boldsymbol{k}\int A_z(t)\mathrm{d}t$.

证 (读者自证)

注 可把求矢性函数的不定积分转化为求三个数性函数的不定积分.

性质 设 k 为非零常数,$\boldsymbol{a}$ 为非零常矢,则

(1) $\int k\boldsymbol{A}(t)\mathrm{d}t=k\int\boldsymbol{A}(t)\mathrm{d}t$;

(2) $\int[\boldsymbol{A}(t)\pm\boldsymbol{B}(t)]\mathrm{d}t=\int\boldsymbol{A}(t)\mathrm{d}t\pm\int\boldsymbol{B}(t)\mathrm{d}t$;

(3) $\int\boldsymbol{a}\cdot\boldsymbol{A}(t)\mathrm{d}t=\boldsymbol{a}\cdot\int\boldsymbol{A}(t)\mathrm{d}t$;

(4) $\int\boldsymbol{a}\times\boldsymbol{A}(t)\mathrm{d}t=\boldsymbol{a}\times\int\boldsymbol{A}(t)\mathrm{d}t$.

证 (读者自证)

例 1.5.1 求下列不定积分

(1) $\int[t^2\boldsymbol{a}+t^3\boldsymbol{b}+\boldsymbol{c}]\mathrm{d}t$; (2) $\int\boldsymbol{a}\cdot(\boldsymbol{b}t)\mathrm{d}t$; (3) $\int\boldsymbol{a}\times(\boldsymbol{b}t)\mathrm{d}t$.

解 (1) $\int[t^2\boldsymbol{a}+t^3\boldsymbol{b}+\boldsymbol{c}]\mathrm{d}t=\boldsymbol{a}\int t^2\mathrm{d}t+\boldsymbol{b}\int t^3\mathrm{d}t+\boldsymbol{c}\int\mathrm{d}t=\dfrac{t^3}{3}\boldsymbol{a}+\dfrac{t^4}{4}\boldsymbol{b}+t\boldsymbol{c}+\boldsymbol{C}$

(2) $\int\boldsymbol{a}\cdot(\boldsymbol{b}t)\mathrm{d}t=\boldsymbol{a}\cdot\boldsymbol{b}\int t\mathrm{d}t=(\boldsymbol{a}\cdot\boldsymbol{b})\dfrac{t^2}{2}+\boldsymbol{C}$

(3) $\int\boldsymbol{a}\times(\boldsymbol{b}t)\mathrm{d}t=(\boldsymbol{a}\times\boldsymbol{b})\int t\mathrm{d}t=(\boldsymbol{a}\times\boldsymbol{b})\dfrac{t^2}{2}+\boldsymbol{C}$

1.5.2 矢性函数的定积分

定义 1.5.2 设矢性函数 $\boldsymbol{A}(t)$在$[T_1,T_2]$上有界,在$[T_1,T_2]$中任意插入若干个

分点 $T_1=t_0<t_1<t_2<\cdots<t_{n-1}<t_n=T_2$，把区间$[T_1,T_2]$分成几个小区间$[t_0,t_1]$，$[t_1,t_2]$，…，$[t_{n-1},t_n]$，各个小区间的长度依次为

$$\Delta t_1=t_1-t_0,\ \Delta t_2=t_2-t_1,\ \cdots,\ \Delta t_n=t_n-t_{n-1}$$

在每个小区间$[t_{i-1},t_i]$上任取一点$\xi_i(t_{i-1}\leqslant\xi_i\leqslant t_i)$，作函数值$A(\xi_i)$与小区间长度$\Delta t_i$的乘积$A(\xi_i)\Delta t_i(i=1,2,\cdots,n)$，并作出和$\sum\limits_{i=1}^{n}A(\xi_i)\Delta t_i$，记$\lambda=\max\{\Delta t_1,\Delta t_2,\cdots,\Delta t_n\}$. 如果不论对$[T_1,T_2]$怎样分法，也不论在小区间$[t_{i-1},t_i]$上点$\xi_i$怎样取法，若$\lim\limits_{\lambda\to 0}\sum\limits_{i=1}^{n}\boldsymbol{A}(\xi_i)\Delta t_i$存在，则称其为$\boldsymbol{A}(t)$在$[T_1,T_2]$上的**定积分**，记为$\int_{T_1}^{T_2}\boldsymbol{A}(t)\mathrm{d}t$，即

$$\int_{T_1}^{T_2}\boldsymbol{A}(t)\mathrm{d}t=\lim_{\lambda\to 0}\sum_{i=1}^{n}\boldsymbol{A}(\xi_i)\Delta t_i$$

定理 1.5.2 若$\boldsymbol{B}(t)$是连续矢性函数$\boldsymbol{A}(t)$在区间$[T_1,T_2]$上的一个原函数，则有

$$\int_{T_1}^{T_2}\boldsymbol{A}(t)\mathrm{d}t=\boldsymbol{B}(T_2)-\boldsymbol{B}(T_1)$$

证 （读者自证）

定理 1.5.3 设

$$\boldsymbol{A}(t)=A_x(t)\boldsymbol{i}+A_y(t)\boldsymbol{j}+A_z(t)\boldsymbol{k}$$

则

$$\int_{T_1}^{T_2}\boldsymbol{A}(t)\mathrm{d}t=\boldsymbol{i}\int_{T_1}^{T_2}A_x(t)\mathrm{d}t+\boldsymbol{j}\int_{T_1}^{T_2}A_y(t)\mathrm{d}t+\boldsymbol{k}\int_{T_1}^{T_2}A_z(t)\mathrm{d}t$$

证 （读者自证）

注 把求矢性函数的定积分转化为求三个数性函数的定积分.

例 1.5.2 求下列定积分

(1) $\int_0^1[t^2\boldsymbol{a}+t^3\boldsymbol{b}+\boldsymbol{c}]\mathrm{d}t$；(2) $\int_0^{\pi}(a\cos t\boldsymbol{i}+a\sin t\boldsymbol{j}+bt\boldsymbol{k})\mathrm{d}t$.

解 (1)
$$\int_0^1[t^2\boldsymbol{a}+t^3\boldsymbol{b}+\boldsymbol{c}]\mathrm{d}t=\int_0^1t^2\boldsymbol{a}\mathrm{d}t+\int_0^1t^3\boldsymbol{b}\mathrm{d}t+\int_0^1\boldsymbol{c}\mathrm{d}t$$
$$=\boldsymbol{a}\int_0^1t^2\mathrm{d}t+\boldsymbol{b}\int_0^1t^3\mathrm{d}t+\boldsymbol{c}\int_0^1\mathrm{d}t=\frac{1}{3}\boldsymbol{a}+\frac{1}{4}\boldsymbol{b}+\boldsymbol{c}$$

(2)
$$\int_0^{\pi}(a\cos t\boldsymbol{i}+a\sin t\boldsymbol{j}+bt\boldsymbol{k})\mathrm{d}t=\boldsymbol{i}\int_0^{\pi}a\cos t\mathrm{d}t+\boldsymbol{j}\int_0^{\pi}a\sin t\mathrm{d}t+\boldsymbol{k}\int_0^{\pi}bt\mathrm{d}t$$
$$=\boldsymbol{i}a\sin t\Big|_0^{\pi}+\boldsymbol{j}(-a\cos t)\Big|_0^{\pi}+\boldsymbol{k}b\frac{t^2}{2}\Big|_0^{\pi}$$
$$=2a\boldsymbol{j}+b\frac{\pi^2}{2}\boldsymbol{k}$$

总习题一

1. 写出下列曲线的矢量方程，并说明它们是何种曲线.

(1) $x=a\cos t, y=b\sin t$；

(2) $x=3\sin t, y=4\sin t, z=3\cos t$.

2. 设有定圆 O 与动圆 C，半径均为 a，动圆在定圆外相切而滚动，求动圆上一定点 M 所描绘曲线的矢量方程.

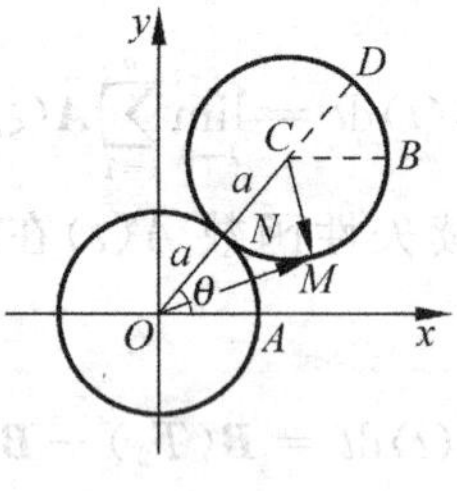

题 2 图

3. 求曲线 $x=t, y=t^2, z=\dfrac{2}{3}t^3$ 的一个切向单位矢量.

4. 求曲线 $x=a\sin^2 t, y=a\sin 2t, z=a\cos t$，在 $t=\dfrac{\pi}{4}$ 处的一个切向矢量.

5. 求曲线 $x=t^2+1, y=4t-3, z=2t^2-6t$ 在对应于 $t=2$ 的点 M 处的切线方程和法平面方程.

6. 求曲线 $\boldsymbol{r}=t\boldsymbol{i}+t^2\boldsymbol{j}+t^3\boldsymbol{k}$ 上的点使该点的切线平行于平面 $x+2y+z=4$ 的点.

第2章

场　论

2.1　场

在物理学中，曲线积分和曲面积分有着广泛的应用．为了既能形象地表达有关的物理量，又能方便地使用数学工具进行逻辑表达和数据计算，物理学家使用了一些特殊的术语和记号，数学上引进了场的概念．

2.1.1　场的概念

如果在全部或部分空间里的每一点都对应着某个物理量的一个确定的值，就说在这空间里确定了该物理量的一个**场**．如果该物理量是数量，就称这个场为**数量场**；若是矢量，就称这个场是**矢量场**．例如温度场、密度场、电位场等为数量场；而力场、速度场、电磁场等为矢量场．

如果场量只是空间位置的函数而不随时间变化，这样的场称为**稳定场（又称静态场、恒定场）**；如果场量不但随空间位置变化而且随时间变化，这样的场称为**不稳定场（又称动态场，时变场）**．后面我们只讨论稳定场（所得的结果也适用于不稳定场的每一瞬间情况）．

场的特点：

（1）分布于整个空间，看不见，摸不着，只能借助仪器进行观察测量，靠人脑去想象其分布情况；

（2）具有客观物质的一切特征，有质量、动量和能量．

2.1.2　数量场的等值面

在直角坐标系中，分布在数量场中各点处的数量 u 是场中点 M 的函数 $u=u(M)$，它是关于点 $M(x,y,z)$ 的坐标的函数，即

$$u=u(x,y,z)$$

即一个数量场可以用一个数性函数来表示. 此后,若无特别申明,我们总假定这函数单值、连续且有一阶连续偏导数.

定义 2.1.1 **等值面**指由场中使函数 u 取相同数值的点所组成的曲面. 数量场的等值面方程为 $u(x,y,z)=c$. 如图 2.1.1 所示.

例如温度场的等温面、电位场的等位面等. 由隐函数存在定理可知,函数 u 为单值、且各连续偏导数 u'_x,u'_y,u'_z 不全为零时,这种等值面一定存在.

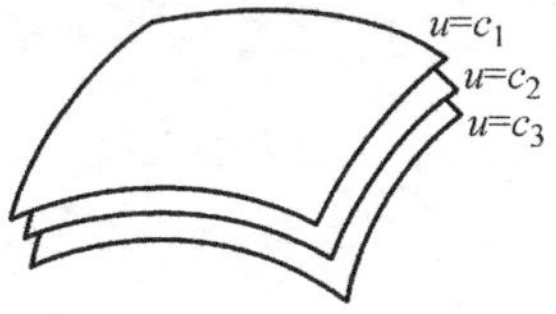

图 2.1.1

例如,数量场 $u=\sqrt{R^2-x^2-y^2-z^2}$ 所在空间区域为一个以原点为球心、半径为 R 的球形区域: $x^2+y^2+z^2\leqslant R^2$. 其等值面是在此区域内的以原点为球心的一族同心球面 $\sqrt{R^2-x^2-y^2-z^2}=c$.

同理,在函数 $u=u(x,y)$ 所表示的平面数量场中,具有相同数值 c 的点就组成此数量场的**等值线**,其方程为 $u(x,y)=c$. 例如地形图上的等高线,地面气象图上的等温线、等压线等,都是等值线的例子. 通过等值线、等值面可以大概了解数量场中数值的变化情况.

例 2.1.1 求数量场 $u=\dfrac{x^2+y^2}{z}$ 经过点 $M(1,1,2)$ 的等值面方程.

解 经过点 $M(1,1,2)$ 等值面方程为 $u=\dfrac{x^2+y^2}{z}=\dfrac{1^2+1^2}{2}=1$,即 $z=x^2+y^2$,是除去原点的旋转抛物面.

2.1.3 矢量场的矢量线

和数量场一样,矢量场中分布在各点处的矢量 $\boldsymbol{A}$,是场中点 M 的函数 $\boldsymbol{A}=\boldsymbol{A}(M)$. 当取定了直角坐标系以后,它就成为点 $M(x,y,z)$ 的坐标的函数了,即

$$\boldsymbol{A}=\boldsymbol{A}(x,y,z)$$

它的坐标表达式为 $\boldsymbol{A}=A_x(x,y,z)\boldsymbol{i}+A_y(x,y,z)\boldsymbol{j}+A_z(x,y,z)\boldsymbol{k}$. 其中函数 A_x,A_y,A_z 为矢量 $\boldsymbol{A}$ 的三个坐标,以后若无特别声明,我们总假定它们单值、连续且有一阶连续偏导数.

在矢量场中,为了直观地表示矢量的分布状况,引进了矢量线的概念.

定义 2.1.2 **矢量线**指曲线上每一点处的切线都平行于过该点的矢量 $\boldsymbol{A}$. 如图 2.1.2 所示.

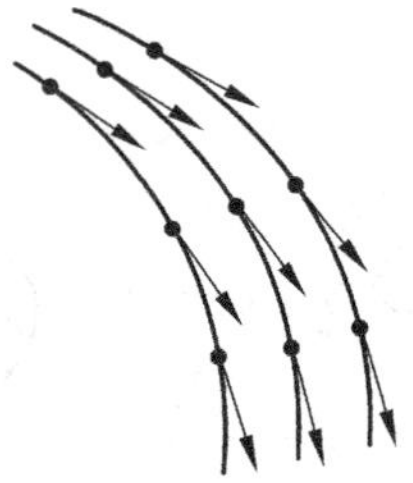

图 2.1.2

例如静电场的电力线、磁场中的磁力线、流速场中的流线等,都是矢量线的例子.

下面已知矢量场 $\boldsymbol{A}=\boldsymbol{A}(x,y,z)$,求过其中任意一点 $M(x,y,z)$ 的矢量线方程.

点 $M(x,y,z)$ 的矢径为

$$\boldsymbol{r}=x\boldsymbol{i}+y\boldsymbol{j}+z\boldsymbol{k}$$

则微分

$$\mathrm{d}\boldsymbol{r}=\mathrm{d}x\boldsymbol{i}+\mathrm{d}y\boldsymbol{j}+\mathrm{d}z\boldsymbol{k}$$

其几何意义为在点 $M(x,y,z)$ 处与矢量线相切的矢量. 根据矢量线的定义,它必定在点 $M(x,y,z)$ 处与矢量 $\boldsymbol{A}=A_x\boldsymbol{i}+A_y\boldsymbol{j}+A_z\boldsymbol{k}$ 共线, 如图 2.1.3 所示.

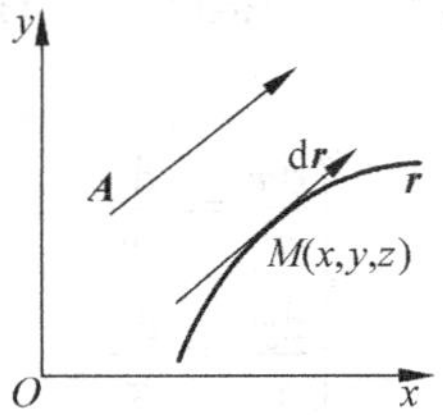

图 2.1.3

于是矢量线所满足的微分方程为

$$\frac{\mathrm{d}x}{A_x}=\frac{\mathrm{d}y}{A_y}=\frac{\mathrm{d}z}{A_z} \tag{2.1.1}$$

解之可得矢量线族.

在 $\boldsymbol{A}$ 不为零的假定下,由微分方程的存在定理可知,当函数 A_x,A_y,A_z 单值、连续且有一阶连续偏导数时,矢量线不仅存在,并且也充满了矢量场所在的空间,而且互不相交.

因此,在场中的任意一条曲线 C(非矢量线)上的任一点处,也皆有且仅有一条矢量线通过,这些矢量线的全体,就构成一张通过曲线 C 的曲面,称为**矢量面**,显然在矢量面上的任一点处,场的对应矢量都位于此矢量面在该点的切平面内. 如图 2.1.4 所示.

特别地,当 C 为一封闭曲线时,通过 C 的矢量面就构成一管形曲面,称为**矢量管**. 如图 2.1.5 所示.

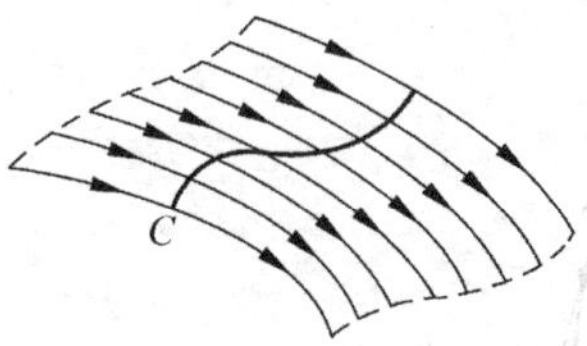

图 2.1.4

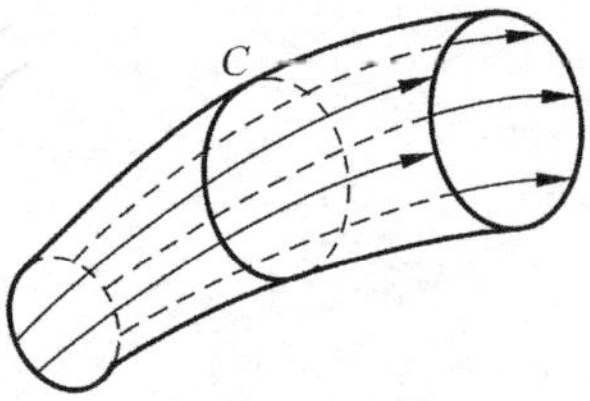

图 2.1.5

例 2.1.2 设点电荷 q 位于坐标原点，则在其周围任一点 $M(x,y,z)$ 处所产生的电场强度为

$$\boldsymbol{E}=\frac{q}{4\pi\varepsilon r^3}\boldsymbol{r}$$

求电场强度 $\boldsymbol{E}$ 的矢量线. 其中 ε 是介电常数，$\boldsymbol{r}=x\boldsymbol{i}+y\boldsymbol{j}+z\boldsymbol{k}$ 为点 $M(x,y,z)$ 的矢径，$r=|\boldsymbol{r}|$.

解 $\boldsymbol{E}=\frac{q}{4\pi\varepsilon r^3}\boldsymbol{r}=\frac{q}{4\pi\varepsilon r^3}(x\boldsymbol{i}+y\boldsymbol{j}+z\boldsymbol{k})$，矢量线满足的微分方程为

$$\frac{\mathrm{d}x}{\frac{qx}{4\pi\varepsilon r^3}}=\frac{\mathrm{d}y}{\frac{qy}{4\pi\varepsilon r^3}}=\frac{\mathrm{d}z}{\frac{qz}{4\pi\varepsilon r^3}}$$

有

$$\begin{cases}\dfrac{\mathrm{d}x}{x}=\dfrac{\mathrm{d}y}{y}\\[2mm]\dfrac{\mathrm{d}y}{y}=\dfrac{\mathrm{d}z}{z}\end{cases}$$

解得$\begin{cases}y=C_1x\\z=C_2y\end{cases}$（$C_1$，$C_2$ 为任意常数）.

这个电场强度 $\boldsymbol{E}$ 的矢量线图形是一族从原点出发的射线，称为**电力线**.

例 2.1.3 求矢量场 $\boldsymbol{A}=x^2\boldsymbol{i}+y^2\boldsymbol{j}+(x+y)z\boldsymbol{k}$ 通过点 $M(2,1,1)$ 的矢量线方程.

解 矢量线满足的微分方程为$\frac{\mathrm{d}x}{x^2}=\frac{\mathrm{d}y}{y^2}=\frac{\mathrm{d}z}{(x+y)z}$，由$\frac{\mathrm{d}x}{x^2}=\frac{\mathrm{d}y}{y^2}$，得$\frac{1}{x}=\frac{1}{y}+C_1$. 按等比定理有$\frac{\mathrm{d}x-\mathrm{d}y}{x^2-y^2}=\frac{\mathrm{d}z}{(x+y)z}$，即$\frac{\mathrm{d}x-\mathrm{d}y}{x-y}=\frac{\mathrm{d}z}{z}$，解得 $x-y=C_2z$. 故矢量线方程为 $\begin{cases}\dfrac{1}{x}=\dfrac{1}{y}+C_1\\x-y=C_2z\end{cases}$，又由 $M(2,1,1)$ 求得 $C_1=-\frac{1}{2}$，$C_2=1$，于是所求矢量线方程为$\begin{cases}\dfrac{1}{x}=\dfrac{1}{y}-\dfrac{1}{2}\\x-y=z\end{cases}$.

*例 2.1.4 求矢量场 $\boldsymbol{A}=0\boldsymbol{i}+2z\boldsymbol{j}+\boldsymbol{k}$ 通过曲线 C：$\begin{cases}z=4\\x^2+y^2=R^2\end{cases}$ 的矢量管方程.

解 矢量线满足的微分方程为

$$\frac{\mathrm{d}x}{0}=\frac{\mathrm{d}y}{2z}=\frac{\mathrm{d}z}{1}$$

解得矢量线族

$$\begin{cases}x=C_1\\y=z^2+C_2\end{cases}$$

由于曲线 C 在矢量管上，故其上点的坐标满足矢量管上的矢量线方程. 因此，将 C 的方程 $\begin{cases}z=4\\x^2+y^2=R^2\end{cases}$ 与上面矢量线族方程联立，消去 x,y,z 即得矢量管上 C_1,C_2 之间应满足的关系式：

$$C_1{}^2+(16+C_2)^2=R^2$$

再将此式与矢量线方程联立，消去 C_1,C_2，即得所求矢量管方程为

$$x^2+(y-z^2+16)^2=R^2$$

习题 2.1

1. 求出下列数量场所在的空间区域及其等值面.

(1) $u=\dfrac{1}{Ax+By+Cz+D}$； (2) $u=\arcsin\dfrac{z}{\sqrt{x^2+y^2}}$.

2. 已知数量场 $u=xy$，求场中与直线 $x+2y-4=0$ 相切的等值线方程.

3. 求矢量 $\boldsymbol{A}=xy^2\boldsymbol{i}+x^2y\boldsymbol{j}+zy^2\boldsymbol{k}$ 的矢量线方程.

4. 求矢量场 $\boldsymbol{A}=xz\boldsymbol{i}+yz\boldsymbol{j}-(x^2+y^2)\boldsymbol{k}$ 通过点 $M(2,-1,1)$ 的矢量线方程.

2.2 数量场的方向导数和梯度

2.2.1 方向导数

高数中我们学习了偏导数的概念：函数 $u(x,y,z)$ 在点 (x,y,z) 处对 x 的偏导数为

$$u_x(x,y,z)=\lim_{\Delta x\to 0}\frac{u(x+\Delta x,y,z)-u(x,y,z)}{\Delta x}$$

该定义研究了函数 $u(x,y,z)$ 沿 x 轴方向的变化情况，把这个定义进行推广，下面考察数量函数 $u(x,y,z)$ 在场中各点的邻域内沿任一方向的变化情况. 为此，我们引进方向导数的概念.

先研究函数 u 沿直线的方向导数.

定义 2.2.1 设 $M_0(x_0,y_0,z_0)$ 为数量场 $u=u(M)$ 中的一点，从点 M_0 出发引一条射线 l(其方向用 $\boldsymbol{l}$ 表示)，在 l 上点 M_0 的邻近取一动点 $M(x_0+\Delta x,y_0+\Delta y,z_0+\Delta z)$，记 $\rho=\overline{M_0M}=\sqrt{(\Delta x)^2+(\Delta y)^2+(\Delta z)^2}$，如图 2.2.1 所示，若当 $M\to M_0$ 时，分式

$$\frac{\Delta u}{\rho}=\frac{u(M)-u(M_0)}{\overline{M_0M}}$$

的极限存在，则称它为函数 $u(M)$ 在点 M_0 处**沿 $\boldsymbol{l}$ 方向的方向导数**，记作 $\left.\frac{\partial u}{\partial \boldsymbol{l}}\right|_{M_0}$，即

$$\left.\frac{\partial u}{\partial \boldsymbol{l}}\right|_{M_0}=\lim_{M\to M_0}\frac{u(M)-u(M_0)}{\overline{M_0M}}$$
$$=\lim_{\rho\to 0}\frac{u(x_0+\Delta x,y_0+\Delta y,z_0+\Delta z)-u(x_0,y_0,z_0)}{\rho}$$

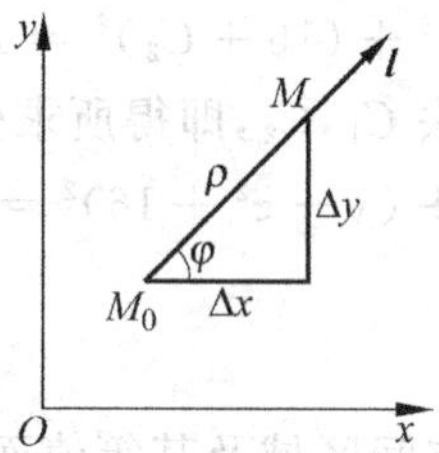

图 2.2.1

方向导数 $\frac{\partial u}{\partial \boldsymbol{l}}$ 是在点 M 处函数 $u(M)$ 沿方向 $\boldsymbol{l}$ 的对距离的变化率. 故(1)当 $\frac{\partial u}{\partial \boldsymbol{l}}>0$ 时，函数 u 沿 $\boldsymbol{l}$ 方向就是增加的；(2)当 $\frac{\partial u}{\partial \boldsymbol{l}}<0$ 时，函数 u 沿 $\boldsymbol{l}$ 方向就是减少的.

在直角坐标系中，方向导数由下面定理给出计算公式.

定理 2.2.1 若函数 $u=u(x,y,z)$ 在点 $M_0(x_0,y_0,z_0)$ 处可微，$\cos\alpha,\cos\beta,\cos\gamma$ 为 $\boldsymbol{l}$ 方向的方向余弦，则函数 $u(M)$ 在点 M_0 处沿 $\boldsymbol{l}$ 方向的方向导数必存在，且满足

$$\frac{\partial u}{\partial \boldsymbol{l}}=\frac{\partial u}{\partial x}\cos\alpha+\frac{\partial u}{\partial y}\cos\beta+\frac{\partial u}{\partial z}\cos\gamma \tag{2.2.1}$$

证 设动点 M 的坐标为 $M(x_0+\Delta x,y_0+\Delta y,z_0+\Delta z)$

$$\frac{\partial u}{\partial \boldsymbol{l}}=\lim_{M\to M_0}\frac{\Delta u}{\rho}=\lim_{\rho\to 0}\left(\frac{\partial u}{\partial x}\frac{\Delta x}{\rho}+\frac{\partial u}{\partial y}\frac{\Delta y}{\rho}+\frac{\partial u}{\partial z}\frac{\Delta z}{\rho}+\omega\right)$$
$$=\lim_{\rho\to 0}\left(\frac{\partial u}{\partial x}\cos\alpha+\frac{\partial u}{\partial y}\cos\beta+\frac{\partial u}{\partial z}\cos\gamma+\omega\right)$$
$$=\frac{\partial u}{\partial x}\cos\alpha+\frac{\partial u}{\partial y}\cos\beta+\frac{\partial u}{\partial z}\cos\gamma$$

例 2.2.1　求数量场 $u(x,y,z)=x^2z^3+2y^2z$ 在点 $M(2,0,-1)$ 处的梯度及在矢量 $\boldsymbol{l}=2xz\boldsymbol{i}-xy^2\boldsymbol{j}+3z^4\boldsymbol{k}$ 方向的方向导数.

解　因 $\boldsymbol{l}|_M=(2xz\boldsymbol{i}-xy^2\boldsymbol{j}+3z^4\boldsymbol{k})|_M=4\boldsymbol{i}+3\boldsymbol{k}$，其方向余弦为 $\cos\alpha=\dfrac{4}{5}$，$\cos\beta=0$，$\cos\gamma=\dfrac{3}{5}$，在点 $M(2,0,-1)$ 处有 $\dfrac{\partial u}{\partial x}=2xz^3=-4$，$\dfrac{\partial u}{\partial y}=4yz=0$，$\dfrac{\partial u}{\partial z}=3x^2z^2+2y^2=12$，所以 $\dfrac{\partial u}{\partial \boldsymbol{l}}=\dfrac{4}{5}\times(-4)+0\times0+\dfrac{3}{5}\times12=4$.

例 2.2.2　求数量场 $u(x,y,z)=xy+yz+zx$ 在点 $P(1,2,3)$ 处沿其矢径方向的方向导数.

解　点 P 的矢径为 $\boldsymbol{r}=\boldsymbol{i}+2\boldsymbol{j}+3\boldsymbol{k}$，其方向余弦为

$$\cos\alpha=\frac{1}{\sqrt{14}},\quad \cos\beta=\frac{2}{\sqrt{14}},\quad \cos\gamma=\frac{3}{\sqrt{14}}$$

在点 $P(1,2,3)$ 处

$$\frac{\partial u}{\partial x}=5,\quad \frac{\partial u}{\partial y}=4,\quad \frac{\partial u}{\partial z}=3$$

$$\left.\frac{\partial u}{\partial \boldsymbol{r}}\right|_P=\left[\frac{\partial u}{\partial x}\cos\alpha+\frac{\partial u}{\partial y}\cos\beta+\frac{\partial u}{\partial z}\cos\gamma\right]_P=\frac{22}{\sqrt{14}}$$

定理 2.2.2　若在有向曲线 C 上取一定点 M_0 作为计算弧长 s 的起点，若以 C 的正向作为 s 增大的方向；M 为 C 上的一点，在点 M 处沿 C 的正向作一与 C 相切的射线 l（其方向用 $\boldsymbol{l}$ 表示），则当函数 u 可微、曲线 C 光滑时，u 在点 M 处沿 $\boldsymbol{l}$ 方向的方向导数就等于 u 对 s 的全导数，即

$$\frac{\partial u}{\partial \boldsymbol{l}}=\frac{\mathrm{d}u}{\mathrm{d}s}\tag{2.2.2}$$

证　曲线 C 是光滑的，其参数方程为 $\begin{cases}x=x(s)\\ y=y(s)\\ z=z(s)\end{cases}$，函数 $u=u[x(s),y(s),z(s)]$，

$$\frac{\mathrm{d}u}{\mathrm{d}\boldsymbol{l}}=\frac{\partial u}{\partial x}\frac{\mathrm{d}x}{\mathrm{d}s}+\frac{\partial u}{\partial y}\frac{\mathrm{d}y}{\mathrm{d}s}+\frac{\partial u}{\partial z}\frac{\mathrm{d}z}{\mathrm{d}s}=\frac{\partial u}{\partial x}\cos\alpha+\frac{\partial u}{\partial y}\cos\beta+\frac{\partial u}{\partial z}\cos\gamma$$

下面再研究函数 u 沿曲线的方向导数.

定义 2.2.2　如图 2.2.2 所示，设 M_0 为数量场 $u=u(M)$ 中曲线 C 上的一点，在点 M_0 的邻近取一动点 M，记 $\overset{\frown}{M_0M}=\Delta s$，若当 $M\to M_0$ 时，分式

$$\frac{\Delta u}{\Delta s}=\frac{u(M)-u(M_0)}{\overset{\frown}{M_0M}}$$

$$=\frac{u(x_0+\Delta x,y_0+\Delta y,z_0+\Delta z)-u(x_0,y_0,z_0)}{\Delta s}$$

的极限存在，则称它为函数 $u(M)$ 在点 M_0 处**沿曲线 C（正向）方向的方向导数**，记作

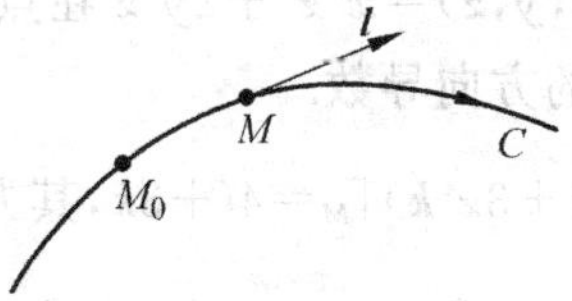

图 2.2.2

$$\left.\frac{\partial u}{\partial s}\right|_{M_0} = \lim_{M\to M_0}\frac{\Delta u}{\Delta s} = \lim_{M\to M_0}\frac{u(M)-u(M_0)}{\overset{\frown}{M_0M}}$$

$$= \lim_{\Delta s\to 0}\frac{u(x_0+\Delta x, y_0+\Delta y, z_0+\Delta z)-u(x_0,y_0,z_0)}{\Delta s} \qquad (2.2.3)$$

定理 2.2.3 当曲线 C 光滑时，在点 M 处函数 u 可微，函数 u 沿 C 方向的方向导数就等于 u 对 s 的全导数，则有

$$\frac{\partial u}{\partial s} = \frac{\mathrm{d}u}{\mathrm{d}s} \qquad (2.2.4)$$

证 因为当曲线 C 光滑时，在点 M 处函数 u 可微，故全导数 $\frac{\mathrm{d}u}{\mathrm{d}s}$ 存在.

$$\frac{\partial u}{\partial s} = \lim_{\Delta s\to 0^+}\frac{\Delta u}{\Delta s}，当\frac{\mathrm{d}u}{\mathrm{d}s} = \lim_{\Delta x\to 0}\frac{\Delta u}{\Delta s}存在时，有\frac{\partial u}{\partial s} = \frac{\mathrm{d}u}{\mathrm{d}s}.$$

推论 若曲线 C 光滑时，在点 M 处函数 u 可微，函数 u 在点 M 处沿 C 方向的方向导数就等于函数 u 在点 M 处沿 C 的切线方向 $\boldsymbol{l}$(C 正向一侧)的方向导数，即

$$\frac{\partial u}{\partial s} = \frac{\partial u}{\partial \boldsymbol{l}} \qquad (2.2.5)$$

例 2.2.3 求函数 $u=3x^2y-y^2$ 在点 $M(2,3)$ 处沿曲线 $y=x^2-1$ 朝 x 增大一方的方向导数.

解 只要求出函数 u 沿曲线 $y=x^2-1$ 在点 $M(2,3)$ 处沿 x 增大方向的切线的方向导数即可. 为此，将所给曲线方程改写成矢量形式

$$\boldsymbol{r} = x\boldsymbol{i} + y\boldsymbol{j} = x\boldsymbol{i} + (x^2-1)\boldsymbol{j}$$

其导矢

$$\boldsymbol{r}' = \boldsymbol{i} + 2x\boldsymbol{j}$$

就是曲线沿 x 增大方向的切矢量. 将点 $M(2,3)$ 代入，得

$$\boldsymbol{r}'|_M = \boldsymbol{i} + 4\boldsymbol{j}$$

其方向余弦为

$$\cos\alpha = \frac{1}{\sqrt{17}},\quad \cos\beta = \frac{4}{\sqrt{17}}$$

又函数 u 在点 $M(2,3)$ 处的偏导数

$$\left.\frac{\partial u}{\partial x}\right|_M = 6xy\,|_M = 36,\quad \left.\frac{\partial u}{\partial y}\right|_M = (3x^2-2y)\,|_M = 6$$

于是，所求的方向导数为

$$\left.\frac{\partial u}{\partial s}\right|_M=\left.\frac{\partial u}{\partial \boldsymbol{r}}\right|_M=\left[\frac{\partial u}{\partial x}\cos\alpha+\frac{\partial u}{\partial y}\cos\beta+\frac{\partial u}{\partial z}\cos\gamma\right]_M=36\times\frac{1}{\sqrt{17}}+6\times\frac{4}{\sqrt{17}}=\frac{60}{\sqrt{17}}$$

2.2.2 梯度

引例 一块长方形的金属板，四个顶点的坐标分别是(1,1)，(3,1)，(1,3)，(3,3). 在坐标原点处有一团火焰，它使金属板受热. 假定板上任意一点处的温度与该点到原点的距离成反比. 在点(2,2)处有一个蚂蚁，问这只蚂蚁应沿什么方向爬行才能最快到达较凉快的地点？

本问题的实质是蚂蚁应沿由热变冷变化最骤烈的方向爬行，这个方向就是下面要介绍的梯度方向.

定义 2.2.3 设函数 $u(x,y,z)$ 在平面区域 D 内具有一阶连续偏导数，则对于每一点 $M(x,y,z)\in D$，都可给定一个向量 $\frac{\partial u}{\partial x}\boldsymbol{i}+\frac{\partial u}{\partial y}\boldsymbol{j}+\frac{\partial u}{\partial z}\boldsymbol{k}$，这个向量称为函数 $u(x,y,z)$ 在点 $M(x,y,z)$ 的**梯度**，记为

$$\mathbf{grad}u(x,y,z)=\frac{\partial u}{\partial x}\boldsymbol{i}+\frac{\partial u}{\partial y}\boldsymbol{j}+\frac{\partial u}{\partial z}\boldsymbol{k}. \tag{2.2.6}$$

设 $\boldsymbol{l}^0=\cos\alpha\boldsymbol{i}+\cos\beta\boldsymbol{j}+\cos\gamma\boldsymbol{k}$ 是方向 $\boldsymbol{l}$ 上的单位向量，$\boldsymbol{G}=\left(\frac{\partial u}{\partial x},\frac{\partial u}{\partial y},\frac{\partial u}{\partial z}\right)$，则方向导数公式可写为

$$\frac{\partial u}{\partial \boldsymbol{l}}=\frac{\partial u}{\partial x}\cos\alpha+\frac{\partial u}{\partial y}\cos\beta+\frac{\partial u}{\partial z}\cos\gamma=\boldsymbol{G}\cdot\boldsymbol{l}^0=|\boldsymbol{G}|\cos(\boldsymbol{G},\boldsymbol{l}^0)$$

所以当 $\cos(\boldsymbol{G},\boldsymbol{l}^0)=1$ 时，方向导数 $\frac{\partial u}{\partial \boldsymbol{l}}=|\boldsymbol{G}|$ 最大.

1. 梯度的性质

梯度具有以下性质，如图 2.2.3 所示.

(1) 方向导数等于梯度在该方向上的投影，即 $\frac{\partial u}{\partial \boldsymbol{l}}=\mathbf{grad}_l u$；

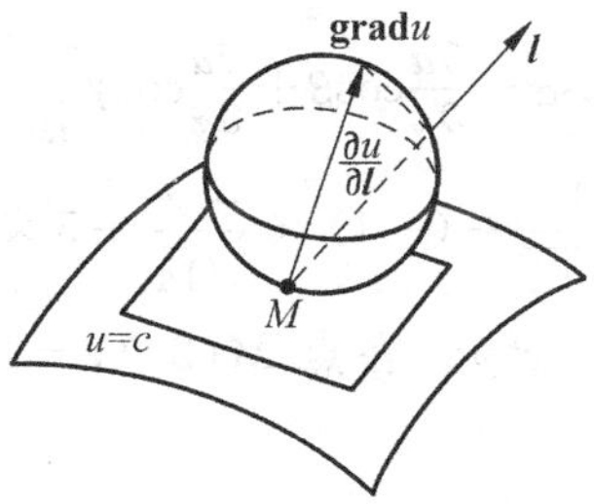

图 2.2.3

(2) 数量场 $u(M)$ 中每一点 M 处的梯度，垂直与过该点的等值面且指向函数 $u(M)$ 增大的一方.

因为，从式(2.2.6)可以看出，在点 M 处 $\mathbf{grad}u$ 的坐标 $\frac{\partial u}{\partial x},\frac{\partial u}{\partial y},\frac{\partial u}{\partial z}$ 正好是过 M 点的等值面 $u(x,y,z)=c$ 的法线方向导数，梯度即是其法向矢量，因此它垂直于此等值面. 又由于函数 $u(M)$ 沿梯度方向的方向导数 $\frac{\partial u}{\partial \boldsymbol{l}}=|\mathbf{grad}u|>0$，这说明函数 $u(M)$ 沿梯度方向是增大的，也就是梯度指向函数 $u(M)$ 增大的一方.

如果把数量场中每一点的梯度与场中的点一一对应起来，就得到一个矢量场，称为由此数量场产生的**梯度场**.

例 2.2.4 设 $r=\sqrt{x^2+y^2+z^2}$ 为点 $M(x,y,z)$ 的矢径的模，试证 $\mathbf{grad}r=\frac{\boldsymbol{r}}{r}=\boldsymbol{r}^0$.

证 $\mathbf{grad}r=\frac{\partial r}{\partial x}\boldsymbol{i}+\frac{\partial r}{\partial y}\boldsymbol{j}+\frac{\partial r}{\partial z}\boldsymbol{k}=\frac{x\boldsymbol{i}+y\boldsymbol{j}+z\boldsymbol{k}}{\sqrt{x^2+y^2+z^2}}=\frac{\boldsymbol{r}}{r}=\boldsymbol{r}^0$.

例 2.2.5 求数量场 $u=3x^2z-xy+z^2$ 在点 $M(1,-1,1)$ 处沿曲线 $\begin{cases}x=t\\ y=-t^2\\ z=t^3\end{cases}$ 朝 t 增大一方的方向导数.

解 所求方向导数等于函数 u 在点 $M(1,-1,1)$ 处沿曲线上同一方向的切线的方向导数. 曲线上点 M 所对应的参数为 $t=1$，因此在点 M 处沿所取方向，即曲线的切线方向.

$$\left.\frac{\mathrm{d}x}{\mathrm{d}t}\right|_M=1,\quad \left.\frac{\mathrm{d}y}{\mathrm{d}t}\right|_M=-2t\,|_{t=1}=-2,\quad \left.\frac{\mathrm{d}z}{\mathrm{d}t}\right|_M=3t^2\,|_{t=1}=3$$

得切线方向的方向余弦为

$$\cos\alpha=\frac{1}{\sqrt{14}},\quad \cos\beta=-\frac{2}{\sqrt{14}},\quad \cos\gamma=\frac{3}{\sqrt{14}}$$

又

$$\left.\frac{\partial u}{\partial x}\right|_M=(6xz-y)\,|_M=7,\quad \left.\frac{\partial u}{\partial y}\right|_M=-x\,|_M=-1,\quad \left.\frac{\partial u}{\partial z}\right|_M=(3x^2+2z)\,|_M=5$$

于是所求方向导数为

$$\begin{aligned}\left.\frac{\partial u}{\partial \boldsymbol{l}}\right|_M&=\left[\frac{\partial u}{\partial x}\cos\alpha+\frac{\partial u}{\partial y}\cos\beta+\frac{\partial u}{\partial z}\cos\gamma\right]_M\\&=7\times\frac{1}{\sqrt{14}}+(-1)\times\frac{-2}{\sqrt{14}}+5\times\frac{3}{\sqrt{14}}=\frac{24}{\sqrt{14}}.\end{aligned}$$

例 2.2.6 求数量场 $u=x^2yz^3$ 在点 $M(2,1,-1)$ 处沿哪个方向的方向导数最大?

解 因 $\left.\frac{\partial u}{\partial \boldsymbol{l}}\right|_M=(\mathbf{grad}u)\cdot\boldsymbol{l}^0\,|_M=|\mathbf{grad}u\,|_M\,|\cos\theta$，当 $\theta=0$ 时，方向导数最大.

$$\mathbf{grad}u\,|_M=\frac{\partial u}{\partial x}\boldsymbol{i}+\frac{\partial u}{\partial y}\boldsymbol{j}+\frac{\partial u}{\partial z}\boldsymbol{k}\,|_M=(2xyz^3\boldsymbol{i}+x^2z^3\boldsymbol{j}+3x^2yz^2\boldsymbol{k})\,|_M=-4\boldsymbol{i}-4\boldsymbol{j}+12\boldsymbol{k}$$

即函数 u 沿梯度 $\mathbf{grad}u\,|_M=-4\boldsymbol{i}-4\boldsymbol{j}+12\boldsymbol{k}$ 方向的方向导数最大，最大值为

$$|\mathbf{grad}u\,|_M|=\sqrt{176}=4\sqrt{11}$$

例 2.2.7 通过梯度求曲面 $x^2y+2xz=4$ 上一点 $M(1,-2,3)$ 处的法线方程.

解 所给曲面可视为数量场 $u=x^2y+2xz$ 的一张等值面，因此数量场 u 在点 M 处的梯度，就是曲面在该点的法矢量，即

$$\mathbf{grad}u\,|_M=(2xy+2z)\boldsymbol{i}+x^2\boldsymbol{j}+2x\boldsymbol{k}\,|_M=2\boldsymbol{i}+\boldsymbol{j}+2\boldsymbol{k}$$

故所求的法线方程为 $2\boldsymbol{i}+\boldsymbol{j}+2\boldsymbol{k}$.

2. 梯度运算的基本公式

(1) $\mathbf{grad}c=\mathbf{0}$（$c$ 为常数）；

(2) $\mathbf{grad}(cu)=c\,\mathbf{grad}(u)$（$c$ 为常数）；

(3) $\mathbf{grad}(u\pm v)=\mathbf{grad}u\pm\mathbf{grad}v$；

(4) $\mathbf{grad}(uv)=v\,\mathbf{grad}u+u\,\mathbf{grad}v$；

(5) $\mathbf{grad}\left(\dfrac{u}{v}\right)=\dfrac{1}{v^2}(v\,\mathbf{grad}u-u\,\mathbf{grad}v)$；

(6) $\mathbf{grad}f(u)=f'(u)\mathbf{grad}u$；

(7) $\mathbf{grad}f(u,v)=\dfrac{\partial f}{\partial u}\mathbf{grad}u+\dfrac{\partial f}{\partial v}\mathbf{grad}v$.

习题 2.2

1. 求函数 $u=\sqrt{x^2+y^2+z^2}$ 在点 $M(1,0,1)$ 处沿方向 $\boldsymbol{l}=\boldsymbol{i}+2\boldsymbol{j}+2\boldsymbol{k}$ 的方向导数.

2. 求数量场 $u=x^2yz$ 在点 $P(1,2,1)$ 处沿方向 $\boldsymbol{l}=\boldsymbol{i}+2\boldsymbol{j}+2\boldsymbol{k}$ 的方向导数.

3. 用以下两种方法求数量场 $u=xy+yz+zx$ 在点 $P(1,2,3)$ 处沿其矢径方向的方向导数.

(1) 直接应用方向导数公式；

(2) 作出梯度在该方向上的投影.

4. 设平面方程为 $5x+2y+4z=20$，求此平面的单位法向矢量 $\boldsymbol{n}^0$.

5. 求数量场 $u=x^2+2y^2+3z^2+xy+3x-2y-6z$ 在点 $O(0,0,0)$ 与点 $A(1,1,1)$ 处梯度的大小和方向余弦. 该数量场在哪些点上梯度为 $\mathbf{0}$?

6. 求数量场 $u=3x^2+5y^2-2z$ 在点 $M(1,1,1)$ 处等值面朝 Oz 轴正向一方的法线方向导数 $\dfrac{\partial u}{\partial \boldsymbol{n}}$.

7. 设有一温度场 $u(M)$，由于场中各点的温度不尽相同，因此就有热的流动，由

温度较高的地方流向温度较低的地方. 根据热传导理论中的**傅里叶(Fourier)定律**:在场中任一点处,沿任一方向的热流强度(即在该点处单位时间内流过与该方向垂直的单位面积的热量)与该方向上的温度变化率成正比. 即知在场中任一点处,沿 $\boldsymbol{l}$ 方向的热流强度为

$$-k\frac{\partial u}{\partial \boldsymbol{l}}$$

其中比例系数 $k>0$,称为**内导热系数**,其前面的负号,表示热流的方向与温度增大的方向相反. 求热流强度的最大值.

*8. 证明 $\mathbf{grad}u$ 为常矢的充要条件是 u 为线性函数:

$$u=ax+by+cz+d\quad(a,b,c,d\text{ 为常数})$$

*9. 若在数量场 $u=u(M)$ 中,恒有 $\mathbf{grad}u=\mathbf{0}$,证明 u 恒为常数.

*10. 设函数 $u=u(M)$ 在点 M_0 处可微,且对于 M_0 的邻域内的任意 M 有 $u(M)\leqslant u(M_0)$,试证在点 M_0 处有 $\mathbf{grad}u=\mathbf{0}$.

2.3 矢量场的通量及散度

定义 2.3.1 (1) 设连续曲线的参数方程为 $\begin{cases}x=x(t)\\y=y(t)\\z=z(t)\end{cases}$,若曲线上的每一点都只对应唯一一个参数值 t(即没有重点的连续曲线),则称其为**简单曲线**,在闭合曲线的情形中,其闭合点(对应于两个极端参数值时)是例外.

(2) 设连续曲面的参数方程为 $\begin{cases}x=x(u,v)\\y=y(u,v)\\z=z(u,v)\end{cases}$,若曲面上的每一点都只对应唯一一对参数值 (u,v)(即没有重点的连续曲面),则称其为**简单曲面**,在闭合曲面的情形中,其闭合点(对应于两对极端参数值时)是例外.

为了讨论方便,我们假定本书以后所讲到的曲线都是分段光滑的简单曲线;所讲到的曲面也都是分块光滑的简单曲面.

此外,为了区分双侧曲面的两侧,常常取定其中的一侧作为曲面的正侧,另一侧作为负侧;如果曲面是封闭的,则按习惯总是取其外侧为正侧. 这种取定了正侧的曲面,称为**有向曲面**. 对有向曲面来说,规定其法矢 $\boldsymbol{n}$ 恒指向我们研究问题时所取的一侧.

同样,对于取定了正方向的有向曲线来说,也规定其切向矢量恒指向我们研究问题时所取的一方.

2.3.1 通量

引例 设有不可压缩流体的流速场$\boldsymbol{v}(M)$，假定其密度为1，S为场中一有向曲面，其法向量$\boldsymbol{n}$指向我们所取的正侧，求单位时间内流体向正侧穿过S的流体总质量（流量）Q.

解 如图2.3.1所示.

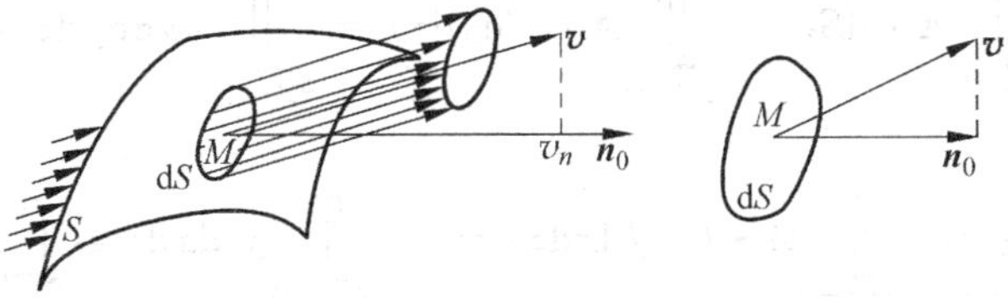

图 2.3.1

在S上取一曲面元素$\mathrm{d}S$，同时又以$\mathrm{d}S$表其面积，M为$\mathrm{d}S$上任一点，由于$\mathrm{d}S$极小，可以将其上每一点处的速度矢量$\boldsymbol{v}$与法矢$\boldsymbol{n}$都近似地看作不变，且都与M点处的$\boldsymbol{v}$与$\boldsymbol{n}$相同. 这样，流体穿过$\mathrm{d}S$的流量$\mathrm{d}Q$，就近似的等于以$\mathrm{d}S$为底面积，v_n为高的柱体体积（v_n为$\boldsymbol{v}$在$\boldsymbol{n}$上的投影），即

$$\mathrm{d}Q = v_n \mathrm{d}S$$

若以$\boldsymbol{n}^0$表示点M处的单位法矢，则有$v_n\mathrm{d}S=(\boldsymbol{v}\cdot\boldsymbol{n}^0)\mathrm{d}S=\boldsymbol{v}\cdot(\boldsymbol{n}^0\mathrm{d}S)$. 据此，有$\mathrm{d}Q=\boldsymbol{v}\cdot\mathrm{d}\boldsymbol{S}$，其中$\mathrm{d}\boldsymbol{S}=\boldsymbol{n}^0\mathrm{d}S$为在点$M$处的这样一个矢量，其方向与$\boldsymbol{n}^0$一致，模等于其面积$\mathrm{d}S$.

据此，在单位时间内向正侧穿过S的流量，就可用曲面积分表示为

$$Q = \iint_S v_n \mathrm{d}S = \iint_S \boldsymbol{v}\cdot\mathrm{d}\boldsymbol{S}$$

定义 2.3.2 设有矢量场$\boldsymbol{A}(M)$，沿其中有向曲面S某一侧的曲面积分

$$\Phi = \iint_S A_n \mathrm{d}S = \iint_S \boldsymbol{A}\cdot\mathrm{d}\boldsymbol{S} \tag{2.3.1}$$

称为矢量场$\boldsymbol{A}(M)$向积分所沿一侧穿过曲面S的**通量**.

若$\boldsymbol{A}=\sum_{i=1}^{m}\boldsymbol{A}_i$，则有

$$\Phi = \oiint_S A_n \mathrm{d}S = \oiint_S \boldsymbol{A}\cdot\mathrm{d}\boldsymbol{S} = \oiint_S \left(\sum_{i=1}^{m}\boldsymbol{A}_i\right)\cdot\mathrm{d}\boldsymbol{S} = \sum_{i=1}^{m}\oiint_S \boldsymbol{A}_i\cdot\mathrm{d}\boldsymbol{S} = \sum_{i=1}^{m}\Phi_i$$

此式表明，通量是可以叠加的.

例 2.3.1 矢量场$\boldsymbol{A}=4xz\boldsymbol{i}-y^2\boldsymbol{j}+y^2z\boldsymbol{k}$，求通过中心位于坐标原点的正立方体$(-1\leqslant x\leqslant 1,-1\leqslant y\leqslant 1,-1\leqslant z\leqslant 1)$表面的通量$\Phi$.

解 设此正立方体的六个表面分别为

$S_1(x=-1)$， $S_2(x=1)$， $S_3(y=-1)$， $S_4(y=1)$， $S_5(z=-1)$， $S_6(z=1)$
分别求取六个表面上的通量 Φ：

在 S_1 上

$$\iint_{S_1(x=-1)} \boldsymbol{A}\cdot \mathrm{d}\boldsymbol{S}_1 = \iint_{S_1(x=-1)} \boldsymbol{A}\cdot(-\boldsymbol{i}\mathrm{d}y\mathrm{d}z) = -\iint_{S_1(x=-1)} 4xz\,\mathrm{d}y\mathrm{d}z = 0$$

在 S_2 上

$$\iint_{S_1(x=1)} \boldsymbol{A}\cdot \mathrm{d}\boldsymbol{S}_2 = \iint_{S_2(x=1)} \boldsymbol{A}\cdot(\boldsymbol{i}\mathrm{d}y\mathrm{d}z) = \iint_{S_2(x=1)} 4xz\,\mathrm{d}y\mathrm{d}z = 0$$

在 S_3 上

$$\iint_{S_3(y=-1)} \boldsymbol{A}\cdot \mathrm{d}\boldsymbol{S}_3 = \iint_{S_3(y=-1)} \boldsymbol{A}\cdot(-\boldsymbol{j}\mathrm{d}x\mathrm{d}z) = +\iint_{S_3(y=-1)} y^2\mathrm{d}x\mathrm{d}z = \int_{-1}^{1}\mathrm{d}x\int_{-1}^{1}\mathrm{d}z = 4$$

在 S_4 上

$$\iint_{S_4(y=1)} \boldsymbol{A}\cdot \mathrm{d}\boldsymbol{S}_4 = \iint_{S_4(y=1)} \boldsymbol{A}\cdot(\boldsymbol{j}\mathrm{d}x\mathrm{d}z) = \iint_{S_4(y=1)} -y^2\mathrm{d}x\mathrm{d}z = -4$$

在 S_5 上

$$\iint_{S_5(z=-1)} \boldsymbol{A}\cdot \mathrm{d}\boldsymbol{S}_5 = \iint_{S_5(z=-1)} \boldsymbol{A}\cdot(-\boldsymbol{k}\mathrm{d}x\mathrm{d}y) = -\iint_{S_5(z=-1)} y^2z\mathrm{d}x\mathrm{d}y = \int_{-1}^{1}\mathrm{d}x\int_{-1}^{1}y^2\mathrm{d}y = \frac{4}{3}$$

在 S_6 上

$$\iint_{S_6(z=1)} \boldsymbol{A}\cdot \mathrm{d}\boldsymbol{S}_6 = \iint_{S_6(z=1)} \boldsymbol{A}\cdot(\boldsymbol{k}\mathrm{d}x\mathrm{d}y) = \iint_{S_6(z=1)} y^2z\mathrm{d}x\mathrm{d}y = \frac{4}{3}$$

所以

$$\iint_S \boldsymbol{A}\cdot\mathrm{d}\boldsymbol{S} = \iint_{S_1}\boldsymbol{A}\cdot\mathrm{d}\boldsymbol{S}_1 + \iint_{S_2}\boldsymbol{A}\cdot\mathrm{d}\boldsymbol{S}_2 + \iint_{S_3}\boldsymbol{A}\cdot\mathrm{d}\boldsymbol{S}_3 + \iint_{S_4}\boldsymbol{A}\cdot\mathrm{d}\boldsymbol{S}_4 + \iint_{S_5}\boldsymbol{A}\cdot\mathrm{d}\boldsymbol{S}_5 + \iint_{S_6}\boldsymbol{A}\cdot\mathrm{d}\boldsymbol{S}_6$$

$$= \frac{8}{3}$$

例 2.3.2 设由矢径 $\boldsymbol{r}=x\boldsymbol{i}+y\boldsymbol{j}+z\boldsymbol{k}$ 构成的矢量场中，有一由圆锥面 $x^2+y^2=z^2$ 及平面 $z=H(H>0)$ 所围成的封闭曲面 S，求矢量场 $\boldsymbol{r}$ 从 S 内穿出 S 的通量 Φ.

解 如图 2.3.2 所示. 以 S_1 表示曲面的平面部分，以 S_2 表示其锥面部分，因为

$$\iint_{S_1}\boldsymbol{r}\cdot\mathrm{d}\boldsymbol{S} = \iint_{S_1} x\mathrm{d}y\mathrm{d}z + y\mathrm{d}z\mathrm{d}x + z\mathrm{d}x\mathrm{d}y = \iint_{S_1} H\mathrm{d}x\mathrm{d}y = \pi H^2$$

$$\iint_{S_2}\boldsymbol{r}\cdot\mathrm{d}\boldsymbol{S} = 0 \quad (\text{因为 } \boldsymbol{r}\perp\boldsymbol{n})$$

则

$$\Phi = \oiint_S \boldsymbol{r}\cdot\mathrm{d}\boldsymbol{S} = \iint_{S_1}\boldsymbol{r}\cdot\mathrm{d}\boldsymbol{S} + \iint_{S_2}\boldsymbol{r}\cdot\mathrm{d}\boldsymbol{S} = \pi H^2$$

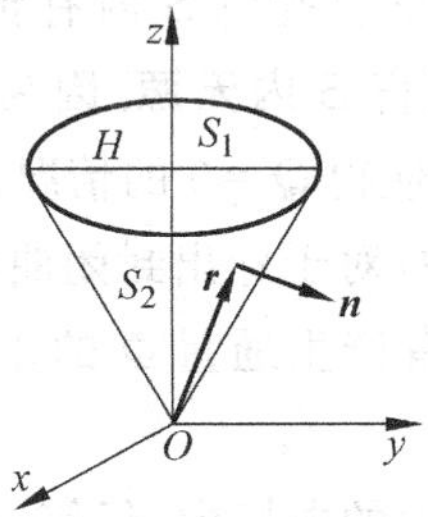

图 2.3.2

下面介绍通量为正、为负、为零时的物理意义.

设流速场中单位时间内流体向正侧穿过的流量为 Q,则在单位时间内流体向正侧穿过曲面元素 $\mathrm{d}S$ 的流量为

$$\mathrm{d}Q = \boldsymbol{v}\cdot\mathrm{d}\boldsymbol{S}$$

这是一个代数值,如图 2.3.3 所示.(1)当$\boldsymbol{v}$是从 $\mathrm{d}S$ 的负侧穿向 $\mathrm{d}S$ 的正侧时,$\boldsymbol{v}$ 与 $\boldsymbol{n}$ 相交成锐角,此时 $\mathrm{d}Q=\boldsymbol{v}\cdot\mathrm{d}\boldsymbol{S}>0$,为正流量;(2)反之,如$\boldsymbol{v}$是从 $\mathrm{d}S$ 的正侧穿向 $\mathrm{d}S$ 的负侧时,$\boldsymbol{v}$ 与 $\boldsymbol{n}$ 相交成钝角,此时 $\mathrm{d}Q=\boldsymbol{v}\cdot\mathrm{d}\boldsymbol{S}<0$,为负流量,因此,总流量

$$Q=\iint_S \boldsymbol{v}\cdot\mathrm{d}\boldsymbol{S}$$

表示它是在单位时间内流体向正侧穿过曲面 S 的正流量与负流量的代数和. 所以,(1)当 $Q>0$ 时,表示向正侧穿过 S 的流量多于沿相反方向穿过 S 的流量;(2)当 $Q<0$ 或 $Q=0$ 时,则表示向正侧穿过 S 的流量少于或等于沿相反方向穿过 S 的流量.

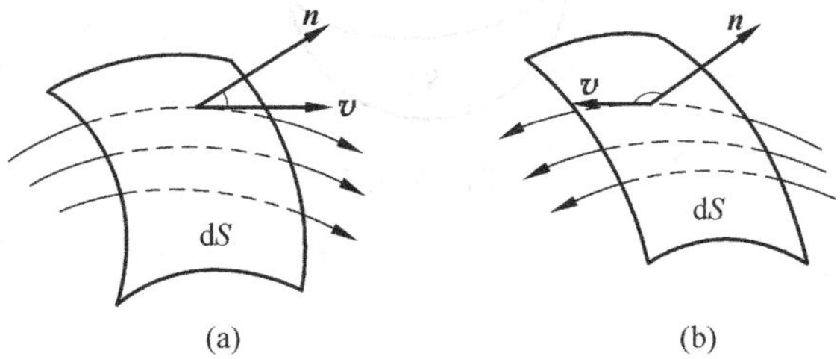

图 2.3.3

如果 S 为一封闭曲面,此时积分在无特别声明时,指沿 S 的外侧. 因此流量

$$Q=\oiint_S \boldsymbol{v}\cdot\mathrm{d}\boldsymbol{S}$$

表示从内穿出 S 的正流量与从外穿入 S 的负流量的代数和. 当 $Q>0$ 时,就表示流出多于流入,此时 S 内必有产生流体的源泉. 当然,也可能还有排出流体的漏洞,但所产生的流体必定多于排出的流体,因此,(1)当 $Q>0$ 时,不论 S 内有无漏洞,我们总

说 S 内有**正源**；(2)当 $Q<0$ 时，我们就说 S 内有**负源**. 这两种情况，合称为 S 内**有源**. 但是，当 $Q=0$ 时，我们不能断言 S 内**无源**. 因为这时，在 S 内可能出现既有正源又有负源且二者恰好相互抵消而使得 $Q=0$ 的情况.

因此，在一般矢量场 $\boldsymbol{A}(M)$ 中，对于穿出封闭曲面 S 的通量 Φ，当其不为零时，我们也视其为正或为负，而说 S 内有产生通量 Φ 的正源或负源. 至于其源的实际意义为何，应视具体的物理场来定.

例 2.3.3 在点电荷 q 所产生的电场中，任何一点 M 处的电位移矢量为

$$\boldsymbol{D}=\frac{q}{4\pi r^2}\boldsymbol{r}^0$$

其中 r 是点电荷 q 到点 M 的距离，$\boldsymbol{r}^0$ 是从点电荷 q 指向点 M 的单位矢量. 设 S 为以点电荷为中心、R 为半径的球面，求从内穿出 S 的电通量.

解 如图 2.3.4 所示.

$$\Phi=\oint\!\!\!\oint_S \boldsymbol{D}\cdot \mathrm{d}\boldsymbol{S}=\frac{q}{4\pi R^2}\oint\!\!\!\oint_S \boldsymbol{r}^0\cdot \mathrm{d}\boldsymbol{S}=\frac{q}{4\pi R^2}\oint\!\!\!\oint_S \mathrm{d}S=\frac{q}{4\pi R^2}4\pi R^2=q$$

由此题可见，(1)在球面 S 内产生电通量 Φ 的源是电场中的电荷 q. 当 q 为正电荷时为正源；当 q 为负电荷时为负源. (2)通量与球面半径无关，事实上与曲面形状也无关. 在静电场中，任意闭曲面的通量只与闭曲面通量性质和数量有关.

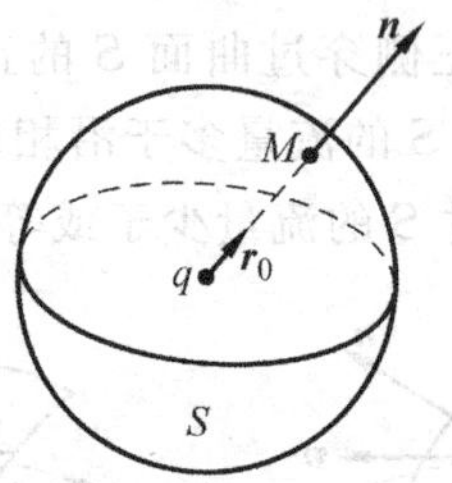

图 2.3.4

2.3.2 散度

1. 散度的定义

高斯公式为

$$\iiint_\Omega\left(\frac{\partial P}{\partial x}+\frac{\partial Q}{\partial y}+\frac{\partial R}{\partial z}\right)\mathrm{d}v=\oint\!\!\!\oint_\Sigma P\,\mathrm{d}y\mathrm{d}z+Q\mathrm{d}z\mathrm{d}x+R\mathrm{d}x\mathrm{d}y$$

下面讨论其物理意义.

设稳定流动的不可压缩流体(假定密度为 1)的速度场为

$$\boldsymbol{v}(x,y,z)=P(x,y,z)\boldsymbol{i}+Q(x,y,z)\boldsymbol{j}+R(x,y,z)\boldsymbol{k}$$

其中假定 P,Q,R 具有一阶连续偏导数，ΔS 是速度场中一片有向曲面，又

$$\boldsymbol{n}^0=\cos\alpha\boldsymbol{i}+\cos\beta\boldsymbol{j}+\cos\gamma\boldsymbol{k}$$

是 ΔS 过任一点(x,y,z)的单位法矢，则单位时间内流体向正侧穿过 ΔS 的流体总质量 $\Delta\Phi$ 可由曲面积分来表示

$$\begin{aligned}\Delta\Phi&=\iint_{\Delta S}P\,\mathrm{d}y\mathrm{d}z+Q\mathrm{d}z\mathrm{d}x+R\mathrm{d}x\mathrm{d}y\\&=\iint_{\Delta S}(P\cos\alpha+Q\cos\beta+R\cos\gamma)\mathrm{d}S\\&=\iint_{\Delta S}\boldsymbol{v}\cdot\mathrm{d}\boldsymbol{S}=\iint_{\Delta S}v_n\mathrm{d}S\end{aligned}$$

则高斯公式可写为

$$\iiint_{\Delta\Omega}\left(\frac{\partial P}{\partial x}+\frac{\partial Q}{\partial y}+\frac{\partial R}{\partial z}\right)\mathrm{d}v=\oint\!\!\!\oint_{\Delta S}\boldsymbol{v}\cdot\mathrm{d}\boldsymbol{S}$$

左右两边同时除以 $\Delta\Omega$ 的体积 ΔV，得

$$\frac{1}{\Delta V}\iiint_{\Delta\Omega}\left(\frac{\partial P}{\partial x}+\frac{\partial Q}{\partial y}+\frac{\partial R}{\partial z}\right)\mathrm{d}v=\frac{1}{\Delta V}\oint\!\!\!\oint_{\Delta S}\boldsymbol{v}\cdot\mathrm{d}\boldsymbol{S}$$

上式左端表示 $\Delta\Omega$ 内的源头在单位时间单位体积内所产生的流体质量的平均值. 对上式左端应用积分中值定理，得

$$\left(\frac{\partial P}{\partial x}+\frac{\partial Q}{\partial y}+\frac{\partial R}{\partial z}\right)_M=\frac{1}{\Delta V}\oint\!\!\!\oint_{\Delta S}\boldsymbol{v}\cdot\mathrm{d}\boldsymbol{S}$$

这里 $M(x,y,z)$是 $\Delta\Omega$ 内某一点，令 $\Delta\Omega$ 缩向点 M，取上式的极限，得

$$\frac{\partial P}{\partial x}+\frac{\partial Q}{\partial y}+\frac{\partial R}{\partial z}=\lim_{\Delta\Omega\to M}\frac{1}{\Delta V}\oint\!\!\!\oint_{\Delta S}\boldsymbol{v}\cdot\mathrm{d}\boldsymbol{S}$$

将上式右端定义为$\boldsymbol{v}$在点 M 处的散度，左端即为散度在直角坐标系中的表达式.

定义 2.3.3 设有矢量场 $\boldsymbol{A}(M)$，在场内作包围点 M 的任一闭曲面 ΔS，设其包围的空间区域为 $\Delta\Omega$，以 ΔV 表示其体积，以 $\Delta\Phi$ 表示从其内穿出 S 的通量. 若当 $\Delta\Omega$ 以任意方式缩向点 M 时

$$\frac{\Delta\Phi}{\Delta V}=\frac{\oint\!\!\!\oint_{\Delta S}\boldsymbol{A}\cdot\mathrm{d}\boldsymbol{S}}{\Delta V}$$

的极限存在，则称此极限为矢量场 $\boldsymbol{A}(M)$在点 M 处的**散度**，记作 $\mathrm{div}\boldsymbol{A}$，即

$$\mathrm{div}\boldsymbol{A}=\lim_{\Delta\Omega\to M}\frac{\Delta\Phi}{\Delta V}=\lim_{\Delta\Omega\to M}\frac{\oint\!\!\!\oint_{\Delta S}\boldsymbol{A}\cdot\mathrm{d}\boldsymbol{S}}{\Delta V}\tag{2.3.2}$$

散度 $\mathrm{div}\boldsymbol{A}$ 是一数量，表示在场 $\boldsymbol{A}(M)$中一点处通量对体积的变化率，也就是在该点

处单位体积内穿出的通量,称为该点处源的强度.因此,(1)当 div$\boldsymbol{A}$ 之值不为零时,其符号为正或为负,二者分别表示在该点处有散发通量的正源或有吸收通量的负源,其绝对值|div$\boldsymbol{A}$|就相应地表示在该点处散发通量或吸收通量的强度;(2)而当 div$\boldsymbol{A}$ 之值为零时,就表示在该点处无源.由此,称 div$\boldsymbol{A}=0$ 的矢量场为**无源场**.

如果把散度场中每一点的散度与场中之点一一对应起来,就得到一个数量场,称为由矢量场产生的**散度场**.

2. 散度在直角坐标系中的表示式

散度的定义与坐标系无关.由散度定义的引入易得散度在直角坐标系中的表示式.

定理 2.3.1 在直角坐标系中,矢量场

$$\boldsymbol{A}=P(x,y,z)\boldsymbol{i}+Q(x,y,z)\boldsymbol{j}+R(x,y,z)\boldsymbol{k}$$

在任一点 $M(x,y,z)$处的散度为

$$\mathrm{div}\boldsymbol{A}=\frac{\partial P}{\partial x}+\frac{\partial Q}{\partial y}+\frac{\partial R}{\partial z} \tag{2.3.3}$$

由定理 2.3.1,我们可以得到下面的推论.

推论 2.3.1 高斯公式可以写成如下的矢量形式:

$$\oiint_S \boldsymbol{A}\cdot\mathrm{d}\boldsymbol{S}=\iiint_\Omega \mathrm{div}\boldsymbol{A}\mathrm{d}V$$

推论 2.3.2 若在封闭曲面 S 内处处有 div$\boldsymbol{A}=0$,则 $\oiint_S \boldsymbol{A}\cdot\mathrm{d}\boldsymbol{S}=0$.

推论 2.3.3 若在矢量场 $\boldsymbol{A}(M)$内某些点(或区域)上有 div$\boldsymbol{A}\neq 0$ 或 div$\boldsymbol{A}$ 不存在,而在其他点上都有 div$\boldsymbol{A}=0$,则穿出包围这些点(或区域)的任一封闭曲面的通量都相等,即为一常数.

证 如图 2.3.5 所示.设 div$\boldsymbol{A}\neq 0$ 或 div$\boldsymbol{A}$ 不存在的点在区域 R 内.

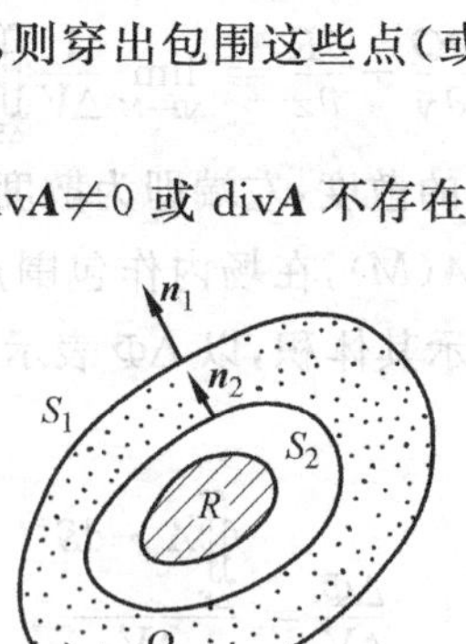

图 2.3.5

(1) 在矢量场 $\boldsymbol{A}$ 中任作两张包围 R 在内的互不相交的封闭曲面 S_1 和 S_2,以 $\boldsymbol{n}_1$,$\boldsymbol{n}_2$ 表示其外向法矢量,则在 S_1 和 S_2 所包围的区域 Ω 上,处处有 div$\boldsymbol{A}=0$.由高斯公式,得

$$\oiint_{S_1+S_2} \boldsymbol{A} \cdot \mathrm{d}\boldsymbol{S} = \iiint_{\Omega} \mathrm{div}\boldsymbol{A}\mathrm{d}V = 0$$

$$\oiint_{S_1+S_2} A_{\boldsymbol{n}} \cdot \mathrm{d}S = 0$$

$$\oiint_{S_1} A_{\boldsymbol{n}_1} \cdot \mathrm{d}\boldsymbol{S} = \oiint_{S_2} A_{\boldsymbol{n}_2} \mathrm{d}S$$

其中 A_n 为矢量$\boldsymbol{A}$ 在Ω 的边界曲面的外向法矢 $\boldsymbol{n}$ 的方向上的投影.

(2) 若所作的封闭曲面 S_1 和 S_2 相交,则在矢量场$\boldsymbol{A}$ 中作一个同时包含S_1 和 S_2 在内的封闭曲面 S_3,则 S_3 与 S_1、S_2 都不相交,以 $\boldsymbol{n}_3$ 表示其外向法矢量

$$\oiint_{S_1} A_{\boldsymbol{n}_1} \cdot \mathrm{d}\boldsymbol{S} = \oiint_{S_3} A_{\boldsymbol{n}_3} \mathrm{d}S, \quad \oiint_{S_2} A_{\boldsymbol{n}_2} \cdot \mathrm{d}\boldsymbol{S} = \oiint_{S_3} A_{\boldsymbol{n}_3} \mathrm{d}S$$

所以

$$\oiint_{S_1} A_{\boldsymbol{n}_1} \cdot \mathrm{d}\boldsymbol{S} = \oiint_{S_2} A_{\boldsymbol{n}_2} \mathrm{d}S$$

例 2.3.4 在点电荷 q 所产生的静电场中,求电位移矢量 $\boldsymbol{D}$ 在任一点处的散度 div$\boldsymbol{D}$.

解 因为

$$\boldsymbol{D} = \frac{q}{4\pi r^2}\boldsymbol{r}^0 = \frac{q}{4\pi r^3}\boldsymbol{r} = \frac{q}{4\pi r^3}(x,y,z)$$

因此

$$D_x = \frac{qx}{4\pi r^3}, \quad D_y = \frac{qy}{4\pi r^3}, \quad D_z = \frac{qz}{4\pi r^3}$$

所以

$$\frac{\partial D_x}{\partial x} = \frac{q}{4\pi}\frac{r^2 - 3x^2}{r^5}, \quad \frac{\partial D_y}{\partial y} = \frac{q}{4\pi}\frac{r^2 - 3y^2}{r^5}, \quad \frac{\partial D_z}{\partial z} = \frac{q}{4\pi}\frac{r^2 - 3z^2}{r^5}$$

得

$$\mathrm{div}\boldsymbol{D} = \frac{\partial D_x}{\partial x} + \frac{\partial D_y}{\partial y} + \frac{\partial D_z}{\partial z} = 0$$

3. 散度运算的基本公式

(1) $\mathrm{div}(c\boldsymbol{A}) = c\,\mathrm{div}\boldsymbol{A}$($c$ 为常数);

(2) $\mathrm{div}(\boldsymbol{A} \pm \boldsymbol{B}) = \mathrm{div}\boldsymbol{A} \pm \mathrm{div}\boldsymbol{B}$;

(3) $\mathrm{div}(u\boldsymbol{A}) = u \cdot \mathrm{div}\boldsymbol{A} + \mathbf{grad}u \cdot \boldsymbol{A}$($u$ 是数性函数).

例 2.3.5 已知 $u = 3x^2z - y^2z^3 + 4x^3y + 2x - 3y - 5$,求 $\mathrm{div}(\mathbf{grad}u)$.

解 $\mathbf{grad}u = (6xz + 12x^2y + 2)\boldsymbol{i} + (-2yz^3 + 4x^3 - 3)\boldsymbol{j} + (3x^2 - 3y^2z^2)\boldsymbol{k}$,则

$$\mathrm{div}(\mathbf{grad}u) = 6z + 24xy - 2z^3 - 6y^2z$$

例 2.3.6 设 $\boldsymbol{r}=x\boldsymbol{i}+y\boldsymbol{j}+z\boldsymbol{k}$，$r=|\boldsymbol{r}|$，求：

(1) 使 $\mathrm{div}[f(r)\boldsymbol{r}]=0$ 的 $f(r)$；

(2) 使 $\mathrm{div}[\mathbf{grad}f(r)]=0$ 的 $f(r)$.

解 (1) $f(r)\boldsymbol{r}=f(r)x\boldsymbol{i}+f(r)y\boldsymbol{j}+f(r)z\boldsymbol{k}$

$$\mathrm{div}[f(r)\boldsymbol{r}]=f(r)+f'(r)\frac{x^2}{r}+f(r)+f'(r)\frac{y^2}{r}+f(r)+f'(r)\frac{z^2}{r}$$
$$=3f(r)+f'(r)r=0$$

解得

$$f(r)=\frac{C}{r^3}$$

(2) $$\mathrm{div}[\mathbf{grad}f(r)]=\mathrm{div}\left[f'(r)\frac{\boldsymbol{r}}{r}\right]=\frac{f'(r)}{r}\mathrm{div}\boldsymbol{r}+\mathbf{grad}\frac{f'(r)}{r}\boldsymbol{r}$$
$$=3\frac{f'(r)}{r}+\frac{rf''(r)-f'(r)}{r^2}\cdot\frac{\boldsymbol{r}}{r}\boldsymbol{r}=3\frac{f'(r)}{r}+f''(r)-\frac{f'(r)}{r}$$

令其为 0，得微分方程

$$f''(r)+\frac{2}{r}f'(r)=0$$

解得

$$f(r)=\frac{C_1}{r}+C_2\ (C_1,C_2\text{ 为任意常数})$$

习题 2.3

1. 设 S 为上半球面 $x^2+y^2+z^2=a^2(z\geqslant0)$，求矢量场 $\boldsymbol{r}=x\boldsymbol{i}+y\boldsymbol{j}+z\boldsymbol{k}$ 向上穿过 S 的通量 Φ.［提示：注意 S 的法矢量 $\boldsymbol{n}$ 与 x 同指向］

2. 设 S 为曲面 $x^2+y^2+z^2=a^2(0\leqslant z\leqslant h)$，求流速场 $\boldsymbol{v}=(x+y+z)\boldsymbol{k}$ 在单位时间内向下侧穿 S 的流量 Q.

3. 设 S 是锥面 $z=\sqrt{x^2+y^2}$ 在平面 $z=4$ 下方的部分，求矢量 $\boldsymbol{A}=4xz\boldsymbol{i}+yz\boldsymbol{j}+3z\boldsymbol{k}$ 向下穿出 S 的通量 Φ.

4. 求下面矢量场 $\boldsymbol{A}$ 的散度.

(1) $\boldsymbol{A}=(x^3+yz)\boldsymbol{i}+(y^2+xz)\boldsymbol{j}+(z^3+xy)\boldsymbol{k}$；

(2) $\boldsymbol{A}=xy^2z^2\boldsymbol{i}+z^2\sin y\boldsymbol{j}+x^2\mathrm{e}^y\boldsymbol{k}$；

(3) $\boldsymbol{A}=(1+y\sin x)\boldsymbol{i}+(x\cos y+y)\boldsymbol{j}$.

5. 求 $\mathrm{div}\boldsymbol{A}$ 在给定点处的值.

(1) $\boldsymbol{A}=x^3\boldsymbol{i}+y^3\boldsymbol{j}+z^3\boldsymbol{k}$，在点 $M(1,0,-1)$ 处；

(2) $\boldsymbol{A}=4x\boldsymbol{i}-2xy\boldsymbol{j}+z^2\boldsymbol{k}$，在点 $M(1,3,2)$ 处；

(3) $\boldsymbol{A}=xyz\boldsymbol{r}(\boldsymbol{r}=x\boldsymbol{i}+y\boldsymbol{j}+z\boldsymbol{k})$，在点 $M(1,3,2)$ 处.

6. 已知 $u=xy^2z^3$，$\boldsymbol{A}=x^2\boldsymbol{i}+xz\boldsymbol{j}-2yz\boldsymbol{k}$，求 $\mathrm{div}(u\boldsymbol{A})$.

7. 计算矢量场 $\boldsymbol{A}=(2x+3y)\boldsymbol{i}+(z^2-2xy)\boldsymbol{j}+(yz+2xz)\boldsymbol{k}$ 在点 $M(1,2,3)$ 处的散度，并求通过以 M 为中心、$r=3$ 为半径的球面上的通量.

8. 设 $\boldsymbol{a}$ 为常矢，$\boldsymbol{r}=x\boldsymbol{i}+y\boldsymbol{j}+z\boldsymbol{k}$，$r=|\boldsymbol{r}|$，求：

(1) $\mathrm{div}(r\boldsymbol{a})$； (2) $\mathrm{div}(r^2\boldsymbol{a})$； (3) $\mathrm{div}(r^n\boldsymbol{a})$（$n$ 为整数）.

9. 求使 $\mathrm{div}r^n\boldsymbol{r}=0$ 的整数 n（$\boldsymbol{r}$ 与 r 同上题）.

*10. 已知函数 u 沿封闭曲线 S 向外法线的方向导数为常数 C，Ω 为 S 所围的空间区域，A 为 S 的面积，证明：

$$\iiint_{\Omega}\mathrm{div}(\mathbf{grad}u)\mathrm{d}V=CA$$

2.4 矢量场的环量及旋度

2.4.1 环量

1. 环量

引例 设有力场 $\boldsymbol{F}(M)$，l 为场中一条封闭的有向曲线，求一个质点 M 在场力 $\boldsymbol{F}$ 的作用下，沿 l 正向运转一周时所做的功？

解 如图 2.4.1，在 l 上任取一弧元素 $\mathrm{d}l$，同时又以 $\mathrm{d}l$ 表其长，则当质点运动经过 $\mathrm{d}l$ 时，场力所做的功就近似地等于 $\mathrm{d}W=F_l\cdot\mathrm{d}l=\boldsymbol{F}\cdot\mathrm{d}\boldsymbol{l}$，其中 $\mathrm{d}\boldsymbol{l}=\boldsymbol{\tau}\mathrm{d}l$，$\boldsymbol{\tau}$ 表示 $\mathrm{d}l$ 处的单位切矢量，指向与 $\mathrm{d}l$ 的走向一致.

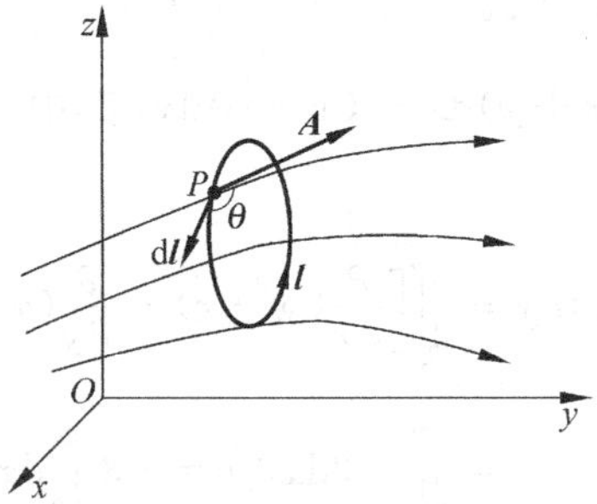

图 2.4.1

据此，当质点 M 在场力 $\boldsymbol{F}$ 的作用下，沿 l 正向运转一周时，场力 $\boldsymbol{F}$ 所做的功可用曲线积分表示为

$$W=\oint_l F_l\cdot\mathrm{d}l=\oint_l\boldsymbol{F}\cdot\mathrm{d}\boldsymbol{l}$$

这种形式的积分在其他矢量场中也常常具有一定的物理意义. 因此，数学上就把形如

上述的一类曲线积分概括成为环量的概念，其定义如下：

定义 2.4.1 设有矢量场 $\boldsymbol{A}(M)$，则沿场中某一有向封闭曲线 l 的曲线积分

$$\Gamma=\oint_l \boldsymbol{A}\cdot \mathrm{d}\boldsymbol{l}$$

叫矢量场按积分所取方向沿曲线 l 的**环量(环流量)**.

在直角坐标系中，设 $\boldsymbol{A}=P(x,y,z)\boldsymbol{i}+Q(x,y,z)\boldsymbol{j}+R(x,y,z)\boldsymbol{k}$，又

$$\mathrm{d}\boldsymbol{l}=\boldsymbol{\tau}\mathrm{d}l=(\cos\alpha\boldsymbol{i}+\cos\beta\boldsymbol{j}+\cos\gamma\boldsymbol{k})\mathrm{d}l=\mathrm{d}x\boldsymbol{i}+\mathrm{d}y\boldsymbol{j}+\mathrm{d}z\boldsymbol{k}$$

其中 $\cos\alpha,\cos\beta,\cos\gamma$ 为 l 的切向矢量的方向余弦，则环量可表示为

$$\Gamma=\oint_l \boldsymbol{A}\cdot \mathrm{d}\boldsymbol{l}=\oint_l P\mathrm{d}x+Q\mathrm{d}y+R\mathrm{d}z \tag{2.4.1}$$

例 2.4.1 计算矢量场 $\boldsymbol{A}=(x-y^2)\boldsymbol{i}+(x^2+y)\boldsymbol{j}$ 的环量 $\oint_l \boldsymbol{A}\cdot\mathrm{d}\boldsymbol{l}$，$l$ 是以 $M(4,3)$ 为圆心、$r=2$ 为半径的四分之一圆周.

解 做变量代换 $\begin{cases}x_1=x-4\\ y_1=y-3\end{cases}$，于是由格林公式有

$$\oint_l \boldsymbol{A}\cdot\mathrm{d}\boldsymbol{l}=\iint_S(2x+2y)\mathrm{d}x\mathrm{d}y=2\iint_S(x_1+y_1+7)\mathrm{d}x_1\mathrm{d}y_1$$

用极坐标

$$\begin{cases}x_1=r\cos\varphi\\ y_1=r\sin\varphi\end{cases},\mathrm{d}s=r\mathrm{d}r\mathrm{d}\varphi$$

于是

$$\oint_l \boldsymbol{A}\cdot\mathrm{d}\boldsymbol{l}=\int_0^{\frac{\pi}{2}}\mathrm{d}\varphi\int_0^2[r^2(\cos\varphi+\sin\varphi)+7r]\mathrm{d}r=\frac{16}{3}+7\pi$$

例 2.4.2 求环量 $\oint_l(x+y)\mathrm{d}x-(x-y)\mathrm{d}y$，其中 l 为椭圆 $\frac{x^2}{a^2}+\frac{y^2}{b^2}=1$ 的边界.

解 由格林公式，得

$$\oint_l(x+y)\mathrm{d}x-(x-y)\mathrm{d}y=\iint_S\left[\frac{\partial}{\partial x}(y-x)-\frac{\partial}{\partial y}(x+y)\right]\mathrm{d}x\mathrm{d}y$$

$$=\iint_S-2\mathrm{d}x\mathrm{d}y=-8\int_0^a\mathrm{d}x\int_0^{\frac{b}{a}\sqrt{a^2-x^2}}\mathrm{d}y=-2\pi ab$$

2. 环量面密度

定义 2.4.2 设 M 为矢量场 $\boldsymbol{A}(M)$ 中的一点，在点 M 处取定一个方向 $\boldsymbol{n}$，过 M 点任作一微小曲面 ΔS，以 $\boldsymbol{n}$ 为其在 M 点处的法矢，同时又以 ΔS 表其面积，其周界 Δl 的正向与 $\boldsymbol{n}$ 构成右手螺旋关系，在点 M 始终在曲面 ΔS 上的条件下，曲面 ΔS 沿着自身缩向 M 点时，如图 2.4.2 所示，如果 $\frac{\Delta\Gamma}{\Delta S}$ 的极限存在，则称此极限为矢量场

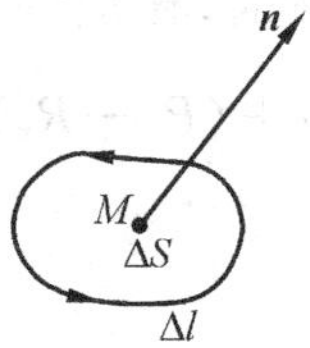

图 2.4.2

$\boldsymbol{A}(M)$在点 M 处沿方向 $\boldsymbol{n}$ 的**环量面密度**,即环量对面积的变化率,记作

$$\mu_{\boldsymbol{n}}=\lim_{\Delta S\to M}\frac{\Delta \Gamma}{\Delta S}=\lim_{\Delta S\to M}\frac{\oint_{\Delta l}\boldsymbol{A}\cdot \mathrm{d}\boldsymbol{l}}{\Delta S} \tag{2.4.2}$$

例如在流速场$\boldsymbol{v}$ 中的点 M 处，沿方向 $\boldsymbol{n}$ 的环量面密度为

$$\mu_{\boldsymbol{n}}=\lim_{\Delta S\to M}\frac{\oint_{\Delta l}\boldsymbol{v}\cdot \mathrm{d}\boldsymbol{l}}{\Delta S}=\lim_{\Delta S\to M}\frac{\Delta Q_t}{\Delta S}=\frac{\mathrm{d}Q_t}{\mathrm{d}S}$$

即为在点 M 处与 $\boldsymbol{n}$ 成右手螺旋方向的环流对面积的变化率,称为**环流密度**.

3. 环量面密度在直角坐标系的计算公式

环量面密度在直角坐标系的计算公式为

$$\mu_{\boldsymbol{n}}\big|_M=\begin{vmatrix}\cos\alpha & \cos\beta & \cos\gamma\\ \dfrac{\partial}{\partial x} & \dfrac{\partial}{\partial y} & \dfrac{\partial}{\partial z}\\ P & Q & R\end{vmatrix}_M \tag{2.4.3}$$

证 在直角坐标系中,设 $\boldsymbol{A}=P(x,y,z)\boldsymbol{i}+Q(x,y,z)\boldsymbol{j}+R(x,y,z)\boldsymbol{k}$,则由斯托克斯公式得

$$\begin{aligned}\Delta\Gamma&=\oint_{\Delta l}\boldsymbol{A}\cdot\mathrm{d}\boldsymbol{l}=\oint_{\Delta l}P\,\mathrm{d}x+Q\mathrm{d}y+R\mathrm{d}z\\
&=\iint_{\Delta S}\begin{vmatrix}\mathrm{d}y\mathrm{d}z & \mathrm{d}x\mathrm{d}z & \mathrm{d}x\mathrm{d}y\\ \dfrac{\partial}{\partial x} & \dfrac{\partial}{\partial y} & \dfrac{\partial}{\partial z}\\ P & Q & R\end{vmatrix}\\
&=\iint_{\Delta S}(R_y-Q_z)\mathrm{d}y\mathrm{d}z+(P_z-R_x)\mathrm{d}x\mathrm{d}z+(Q_x-P_y)\mathrm{d}x\mathrm{d}y\\
&=\iint_{\Delta S}[(R_y-Q_z)\cos(\boldsymbol{n},\boldsymbol{i})+(P_z-R_x)\cos(\boldsymbol{n},\boldsymbol{j})+(Q_x-P_y)\cos(\boldsymbol{n},\boldsymbol{k})]\mathrm{d}S\\
&=[(R_y-Q_z)\cos(\boldsymbol{n},\boldsymbol{i})+(P_z-R_x)\cos(\boldsymbol{n},\boldsymbol{j})+(Q_x-P_y)\cos(\boldsymbol{n},\boldsymbol{k})]_{M^*}\Delta S\end{aligned}$$

(由中值定理)

其中 M^* 为 ΔS 上某一点，当 $\Delta S \to M$ 时，有 $M^* \to M$，于是

$$\mu_n = \lim_{\Delta S \to M} \frac{\Delta \Gamma}{\Delta S} = [(R_y - Q_z)\cos(\boldsymbol{n},\boldsymbol{i}) + (P_z - R_x)\cos(\boldsymbol{n},\boldsymbol{j}) + (Q_x - P_y)\cos(\boldsymbol{n},\boldsymbol{k})]_M$$

$$= \begin{vmatrix} \cos\alpha & \cos\beta & \cos\gamma \\ \dfrac{\partial}{\partial x} & \dfrac{\partial}{\partial y} & \dfrac{\partial}{\partial z} \\ P & Q & R \end{vmatrix}$$

其中 $\cos(\boldsymbol{n},\boldsymbol{i})$，$\cos(\boldsymbol{n},\boldsymbol{j})$，$\cos(\boldsymbol{n},\boldsymbol{k})$ 为 ΔS 在点 M 处的法矢 $\boldsymbol{n}$ 的方向余弦.

例 2.4.3 求矢量场 $\boldsymbol{A} = xz^3\boldsymbol{i} - 2x^2yz\boldsymbol{j} + 2yz^4\boldsymbol{k}$ 在点 $M(1,-2,1)$ 处沿矢量 $\boldsymbol{n} = 6\boldsymbol{i} + 2\boldsymbol{j} + 3\boldsymbol{k}$ 方向的环量面密度.

解 矢量 $\boldsymbol{n}$ 的方向余弦为 $\cos\alpha = \frac{6}{7}$，$\cos\beta = \frac{2}{7}$，$\cos\gamma = \frac{3}{7}$，在点 M 处沿方向 $\boldsymbol{n}$ 的环量面密度为

$$\mu_n|_M = \left[\left(\frac{\partial R}{\partial y} - \frac{\partial Q}{\partial z}\right)\cos\alpha + \left(\frac{\partial P}{\partial z} - \frac{\partial R}{\partial x}\right)\cos\beta + \left(\frac{\partial Q}{\partial x} - \frac{\partial P}{\partial y}\right)\cos\gamma\right]_M$$

$$= \left[(2z^4 + 2x^2y)\frac{6}{7} + (3xz^2 - 0)\frac{2}{7} + (-4xyz - 0)\frac{3}{7}\right]_M$$

$$= -2 \times \frac{6}{7} + 3 \times \frac{2}{7} + 8 \times \frac{3}{7} = \frac{18}{7}$$

或写成

$$\mu_n|_M = \begin{vmatrix} \cos\alpha & \cos\beta & \cos\gamma \\ \dfrac{\partial}{\partial x} & \dfrac{\partial}{\partial y} & \dfrac{\partial}{\partial z} \\ P & Q & R \end{vmatrix}_M$$

$$= \begin{vmatrix} \dfrac{6}{7} & \dfrac{2}{7} & \dfrac{3}{7} \\ \dfrac{\partial}{\partial x} & \dfrac{\partial}{\partial y} & \dfrac{\partial}{\partial z} \\ xz^3 & -2x^2yz & 2yz^4 \end{vmatrix}_M$$

$$= \left[(2z^4 + 2x^2y)\frac{6}{7} + (3xz^2 - 0)\frac{2}{7} + (-4xyz - 0)\frac{3}{7}\right]_M$$

$$= -2 \times \frac{6}{7} + 3 \times \frac{2}{7} + 8 \times \frac{3}{7} = \frac{18}{7}$$

2.4.2 旋度

仿照数量场中的方向导数与梯度的关系，下面寻找矢量场中环量面密度与某个矢量的关系.即在给定点处，这个向量的方向表出了最大的环量面密度的方向，其模为最大环量面密度的数值，而且它在任一方向上的投影，都给出了该方向上的环量面密度.

新定义一个矢量 $\boldsymbol{R}$,把环量面密度中的三个数(R_y-Q_z),(P_z-R_x),(Q_x-P_y)视为矢量 $\boldsymbol{R}$ 的三个坐标

$$\boldsymbol{R}=(R_y-Q_z)\boldsymbol{i}+(P_z-R_x)\boldsymbol{j}+(Q_x-P_y)\boldsymbol{k}$$

注意到 $\boldsymbol{R}$ 在给定点处为一个固定矢量,则环量面密度可以写成

$$\mu_n=\boldsymbol{R}\cdot\boldsymbol{n}^0=|\boldsymbol{R}|\cos(\boldsymbol{R},\boldsymbol{n}^0)$$

其中 $\boldsymbol{n}^0=\cos\alpha\boldsymbol{i}+\cos\beta\boldsymbol{j}+\cos\gamma\boldsymbol{k}$ 为方向 $\boldsymbol{n}$ 上的单位矢量.

上式表明,在给定点处,$\boldsymbol{R}$ 在任一方向 $\boldsymbol{n}$ 上的投影为该方向上的环量面密度.从而可知,$\boldsymbol{R}$ 的方向为环量面密度最大的方向,其模为最大环量面密度的数值.这说明矢量 $\boldsymbol{R}$ 完全符合上面我们所希望找到的那种矢量,称其为矢量场 $\boldsymbol{A}$ 的旋度.

定义 2.4.3 若在矢量场 $\boldsymbol{A}=P(x,y,z)\boldsymbol{i}+Q(x,y,z)\boldsymbol{j}+R(x,y,z)\boldsymbol{k}$ 中的一点 M 处存在这样的一个矢量 $\boldsymbol{R}$,使矢量场 $\boldsymbol{A}$ 在点 M 处沿其方向的环量面密度为最大,最大值为 $|\boldsymbol{R}|$,则称矢量 $\boldsymbol{R}$ 为矢量场 $\boldsymbol{A}$ 在点 M 处的**旋度**,记作 $\mathbf{rot}\boldsymbol{A}$,即 $\mathbf{rot}\boldsymbol{A}=\boldsymbol{R}$.旋度矢量在数值和方向上表出了最大的环量面密度.

旋度的上述定义,与坐标系无关.它在直角坐标系中的表示式为

$$\mathbf{rot}\boldsymbol{A}=(R_y-Q_z)\boldsymbol{i}+(P_z-R_x)\boldsymbol{j}+(Q_x-P_y)\boldsymbol{k}$$

$$=\begin{vmatrix}\boldsymbol{i} & \boldsymbol{j} & \boldsymbol{k}\\ \dfrac{\partial}{\partial x} & \dfrac{\partial}{\partial y} & \dfrac{\partial}{\partial z}\\ P & Q & R\end{vmatrix} \tag{2.4.4}$$

且 $\mathbf{rot}_n\boldsymbol{A}=\mu_n$.也可将斯托克斯公式写成如下的向量形式

$$\oint_l \boldsymbol{A}\times \mathrm{d}\boldsymbol{l}=\iint_S(\mathbf{rot}\boldsymbol{A})\cdot\mathrm{d}\boldsymbol{S}$$

在计算矢量场 $\boldsymbol{A}=P(x,y,z)\boldsymbol{i}+Q(x,y,z)\boldsymbol{j}+R(x,y,z)\boldsymbol{k}$ 的旋度和散度时,也可借助如下的三阶矩阵来计算:

$$D\boldsymbol{A}=\begin{pmatrix}\dfrac{\partial P}{\partial x} & \dfrac{\partial P}{\partial y} & \dfrac{\partial P}{\partial z}\\ \dfrac{\partial Q}{\partial x} & \dfrac{\partial Q}{\partial y} & \dfrac{\partial Q}{\partial z}\\ \dfrac{\partial R}{\partial x} & \dfrac{\partial R}{\partial y} & \dfrac{\partial R}{\partial z}\end{pmatrix} \tag{2.4.5}$$

(图中标注:$\boldsymbol{k}$,$\boldsymbol{j}$,$\boldsymbol{i}$,$\mathrm{div}\boldsymbol{A}$)

该矩阵叫做矢量场的**雅可比(Jacobi)矩阵**.

由此得散度计算公式(虚线箭头方向)

$$\mathrm{div}\boldsymbol{A}=\frac{\partial P}{\partial x}+\frac{\partial Q}{\partial y}+\frac{\partial R}{\partial z}$$

旋度计算公式(实线箭头方向)

$$\mathbf{rot}\boldsymbol{A}=(R_y-Q_z)\boldsymbol{i}+(P_z-R_x)\boldsymbol{j}+(Q_x-P_y)\boldsymbol{k}$$

例 2.4.4 求下列矢量场的散度与旋度.

(1) $\boldsymbol{A}=(2z-3y)\boldsymbol{i}+(3x-z)\boldsymbol{j}+(y-2x)\boldsymbol{k}$;

(2) $\boldsymbol{A}=yz^2\boldsymbol{i}+zx^2\boldsymbol{j}+xy^2\boldsymbol{k}$.

解 (1) 方法一 由定义

散度

$$\mathrm{div}\boldsymbol{A}=\frac{\partial P}{\partial x}+\frac{\partial Q}{\partial y}+\frac{\partial R}{\partial z}=0+0+0=0,$$

旋度

$$\begin{aligned}\mathbf{rot}\boldsymbol{A}&=(R_y-Q_z)\boldsymbol{i}+(P_z-R_x)\boldsymbol{j}+(Q_x-P_y)\boldsymbol{k}\\&=(1+1)\boldsymbol{i}+(2+2)\boldsymbol{j}+(3+3)\boldsymbol{k}=2\boldsymbol{i}+4\boldsymbol{j}+6\boldsymbol{k}\end{aligned}$$

方法二 雅可比矩阵为

$$D\boldsymbol{A}=\begin{bmatrix}0&-3&2\\3&0&-1\\-2&1&0\end{bmatrix}$$

散度

$$\mathrm{div}\boldsymbol{A}=0+0+0=0$$

旋度

$$\mathbf{rot}\boldsymbol{A}=(1+1)\boldsymbol{i}+(2+2)\boldsymbol{j}+(3+3)\boldsymbol{k}=2\boldsymbol{i}+4\boldsymbol{j}+6\boldsymbol{k}$$

$$(2)\ D\boldsymbol{A}=\begin{bmatrix}\frac{\partial P}{\partial x}&\frac{\partial P}{\partial y}&\frac{\partial P}{\partial z}\\\frac{\partial Q}{\partial x}&\frac{\partial Q}{\partial y}&\frac{\partial Q}{\partial z}\\\frac{\partial R}{\partial x}&\frac{\partial R}{\partial y}&\frac{\partial R}{\partial z}\end{bmatrix}=\begin{bmatrix}0&z^2&2yz\\2zx&0&x^2\\y^2&2xy&0\end{bmatrix}$$

散度

$$\mathrm{div}\boldsymbol{A}=\frac{\partial P}{\partial x}+\frac{\partial Q}{\partial y}+\frac{\partial R}{\partial z}=0$$

旋度

$$\begin{aligned}\mathbf{rot}\boldsymbol{A}&=(R_y-Q_z)\boldsymbol{i}+(P_z-R_x)\boldsymbol{j}+(Q_x-P_y)\boldsymbol{k}\\&=x(2y-x)\boldsymbol{i}+y(2z-y)\boldsymbol{j}+z(2x-z)\boldsymbol{k}\end{aligned}$$

1. 旋度运算的基本公式

(1) $\mathbf{rot}(c\boldsymbol{A})=c\,\mathbf{rot}\boldsymbol{A}$;

(2) $\mathbf{rot}(\boldsymbol{A}\pm\boldsymbol{B})=\mathbf{rot}\boldsymbol{A}\pm\mathbf{rot}\boldsymbol{B}$;

(3) $\mathbf{rot}(u\boldsymbol{A})=u\,\mathbf{rot}\boldsymbol{A}+\mathbf{grad}u\times\boldsymbol{A}$;

(4) $\mathrm{div}(\boldsymbol{A}\times\boldsymbol{B})=\boldsymbol{B}\cdot\mathbf{rot}\boldsymbol{A}-\boldsymbol{A}\cdot\mathbf{rot}\boldsymbol{B}$;

(5) $\mathbf{rot}(\mathbf{grad}u)=\mathbf{0}$；

(6) $\mathrm{div}(\mathbf{rot}\boldsymbol{A})=0$.

证 (1)～(4)证明略.下面只证(5)、(6)

(5) 设数量场为 $u(x,y,z)$，$\mathbf{grad}u=u_x\boldsymbol{i}+u_y\boldsymbol{j}+u_z\boldsymbol{k}$

$$\mathbf{rot}(\mathbf{grad}u)=(u_{zy}-u_{yz})\boldsymbol{i}+(u_{xz}-u_{zx})\boldsymbol{j}+(u_{yx}-u_{xy})\boldsymbol{k}=\mathbf{0}$$

(6) $\mathbf{rot}\boldsymbol{A}=(R_y-Q_z)\boldsymbol{i}+(P_z-R_x)\boldsymbol{j}+(Q_x-P_y)\boldsymbol{k}$

$$\mathrm{div}(\mathbf{rot}\boldsymbol{A})=R_{yx}-Q_{zx}+P_{zy}-R_{xy}+Q_{xz}-P_{yz}=0$$

定义 2.4.4 满足 $\mathbf{rot}\boldsymbol{A}=\mathbf{0}$ 的矢量场 $\boldsymbol{A}$ 叫做**无旋场**.

易证(1)梯度场无旋，旋度场无源；(2)若 $\boldsymbol{A}$ 与 $\boldsymbol{B}$ 都是无旋场，则 $\boldsymbol{A}\times\boldsymbol{B}$ 乃无源场.

例 2.4.5 证明矢量场 $\boldsymbol{A}=u\,\mathbf{grad}u$ 是无旋场.

证 $\mathbf{rot}\boldsymbol{A}=\mathbf{rot}(u\,\mathbf{grad}u)=u\,\mathbf{rot}(\mathbf{grad}u)+\mathbf{grad}u\times\mathbf{grad}u=0$，其中 $\mathbf{rot}(u\,\mathbf{grad}u)=\mathbf{0}$，$\mathbf{grad}u\times\mathbf{grad}u=0$，所以 $\boldsymbol{A}$ 为无旋场.

习题 2.4

1. 求一质点在力场 $\boldsymbol{F}=-y\boldsymbol{i}-z\boldsymbol{j}+x\boldsymbol{k}$ 的作用下沿闭合曲线 l：$\begin{cases}x=a\cos t\\y=a\sin t\\z=a(1-\cos t)\end{cases}$ 从 $t=0$ 到 $t=2\pi$ 运动一周时所做的功.

2. 求矢量场 $\boldsymbol{A}=-y\boldsymbol{i}+x\boldsymbol{j}+C\boldsymbol{k}$（$C$ 为常数）沿下列曲线的环量.

(1) 圆周 $(x)^2+y^2=R^2$，$z=0$；

(2) 圆周 $(x-2)^2+y^2=R^2$，$z=0$.

3. 求矢量场 $\boldsymbol{A}=xyz\boldsymbol{i}-2xy^2\boldsymbol{j}+2yz^2\boldsymbol{k}$ 在点 $M(1,1,-2)$ 处沿 $\boldsymbol{l}=2\boldsymbol{i}+3\boldsymbol{j}+6\boldsymbol{k}$ 方向的环量面密度.

4. 用以下两种方法求矢量场 $\boldsymbol{A}=x(z-y)\boldsymbol{i}+y(x-z)\boldsymbol{j}+z(y-x)\boldsymbol{k}$ 在点 $M(1,2,3)$ 处沿方向 $\boldsymbol{n}=\boldsymbol{i}+2\boldsymbol{j}+2\boldsymbol{k}$ 的环量面密度.

(1) 直接应用环量面密度的计算公式；

(2) 求出旋度在该方向上的投影.

5. 用雅可比矩阵求下列矢量场的散度和旋度.

(1) $\boldsymbol{A}=(3x^2y+z)\boldsymbol{i}+(y^3-xz^2)\boldsymbol{j}+2xyz\boldsymbol{k}$；

(2) $\boldsymbol{A}=yz^2\boldsymbol{i}+zx^2\boldsymbol{j}+xy^2\boldsymbol{k}$；

(3) $\boldsymbol{A}=p(x)\boldsymbol{i}+Q(y)\boldsymbol{j}+R(z)\boldsymbol{k}$.

6. 已知 $u=\mathrm{e}^{xyz}$，$\boldsymbol{A}=z^2\boldsymbol{i}+x^2\boldsymbol{j}+y^2\boldsymbol{k}$，求 $\mathbf{rot}u\boldsymbol{A}$.

7. 已知 $\boldsymbol{A}=3y\boldsymbol{i}+2z^2\boldsymbol{j}+xy\boldsymbol{k}$，$\boldsymbol{B}=x^2\boldsymbol{i}-4\boldsymbol{k}$，求 $\mathbf{rot}(\boldsymbol{A}\times\boldsymbol{B})$.

8. 已知 $\boldsymbol{r}=x\boldsymbol{i}+y\boldsymbol{j}+z\boldsymbol{k}$，$r=|\boldsymbol{r}|$，$\boldsymbol{C}$ 为常矢，证明：

$$\mathrm{div}(\boldsymbol{C}\times\boldsymbol{r})=0\text{ 及 }\mathbf{rot}(\boldsymbol{C}\times\boldsymbol{r})=2\boldsymbol{C}$$

9. 设 $\boldsymbol{r}=x\boldsymbol{i}+y\boldsymbol{j}+z\boldsymbol{k}$，$r=|\boldsymbol{r}|$，$\boldsymbol{C}$ 为常矢，求：

(1) $\mathbf{rot}\boldsymbol{r}$； (2) $\mathbf{rot}[f(r)\boldsymbol{r}]$；

(3) $\mathbf{rot}[f(r)\boldsymbol{C}]$； (4) $\mathrm{div}[\boldsymbol{r}\times f(r)\boldsymbol{C}]$.

*10. 设矢量场 $\boldsymbol{A}$ 的旋度 $\mathbf{rot}\boldsymbol{A}\neq 0$，若存在非零函数 $\mu(x,y,z)$ 使 $\mu\boldsymbol{A}$ 为某数量场 $\varphi(x,y,z)$ 的梯度，即 $\mu\boldsymbol{A}=\mathbf{grad}\varphi$，试证明 $\boldsymbol{A}=\mathbf{rot}\boldsymbol{A}$.

*11. 设矢量 $\boldsymbol{A}=A_1\boldsymbol{i}+A_2\boldsymbol{j}+A_3\boldsymbol{k}$，$\boldsymbol{B}=B_1\boldsymbol{i}+B_2\boldsymbol{j}+B_3\boldsymbol{k}$，其中 A_1,A_2,A_3 与 B_1,B_2,B_3 都是 x,y,z 的具有一阶连续偏导数的函数. 证明 $\mathrm{div}(\boldsymbol{A}\times\boldsymbol{B})=\boldsymbol{B}\cdot\mathbf{rot}\boldsymbol{A}-\boldsymbol{A}\cdot\mathbf{rot}\boldsymbol{B}$.

2.5 几种重要的矢量场

场论中有几种重要的矢量场：有势场、管形场、调和场. 下面分别讨论.

定义 2.5.1

(1) 如果在一个空间区域 G 内的任何一条简单闭合曲线 l，都可以作出一个以 l 为边界且全部位于区域 G 内的曲面 S，则称此区域为**线单连域**；否则，称为**线复连域**. 例如空心球体是线单连域，而环面体则为线复连域.

(2) 如果在一个空间区域 G 内的任一简单闭区间曲面 S 所包围的全部点，都在区域 G 内(即 S 内没有洞)，则称此区域 G 为**面单连域**；否则，称为**面复连域**. 例如环面体是面单连域，而空心球体则为面复连域. 如图 2.5.1 所示.

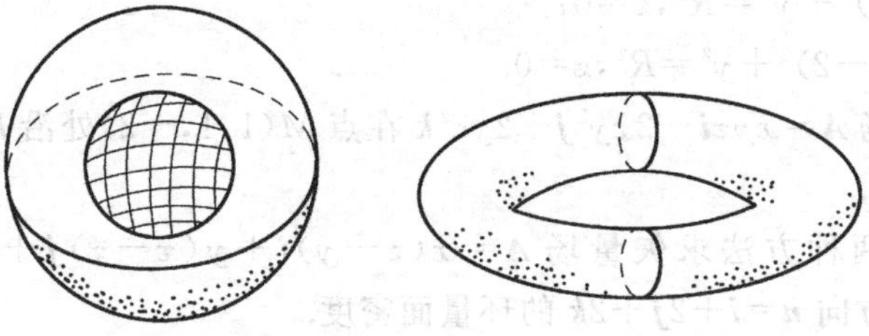

图 2.5.1

显然，有许多空间区域既是线单连域，同时又是面单连域. 例如实心的球体、椭圆体、圆柱体、平行六面体等，都既是线单连域，同时又是面单连域.

2.5.1 有势场

定义 2.5.2 设有矢量场 $\boldsymbol{A}(M)$，若存在单值函数 $u(M)$ 满足 $\boldsymbol{A}=\mathbf{grad}u$，则称此矢量场为**有势场**；令 $v=-u$，并称 v 为这个场的**势函数**. 显然有

$$\boldsymbol{A}=-\mathbf{grad}v$$

由此定义可以看出：

(1) 有势场是一个梯度场；

(2) 有势场的势函数有无穷多个，它们之间只相差一个常数.

什么样的矢量场才是有势场呢？下面将给出一个充要条件.

定理 2.5.1 在线单连域内，矢量场 $\boldsymbol{A}$ 为有势场的充要条件是场内任意一点 $\mathbf{rot}\boldsymbol{A}=\mathbf{0}$.

证 必要性

设 $\boldsymbol{A}=P(x,y,z)\boldsymbol{i}+Q(x,y,z)\boldsymbol{j}+R(x,y,z)\boldsymbol{k}$，如果 $\boldsymbol{A}$ 为有势场，则存在函数 u，满足 $\boldsymbol{A}=\mathbf{grad}u$，即有 $P=u_x, Q=u_y, R=u_z$. 从而有 $R_y-Q_z=u_{zy}-u_{yz}=0$，同理有 $P_z-R_x=0, Q_x-P_y=0$，所以 $\mathbf{rot}\boldsymbol{A}=\mathbf{0}$.

充分性

设旋度在场内处处为零，即 $\mathbf{rot}\boldsymbol{A}=\mathbf{0}$，则由斯托克斯公式可知，对于场内的任意封闭曲线 l 都有 $\oint_l \boldsymbol{A}\cdot\mathrm{d}\boldsymbol{l}=0$. 这个事实等价于曲线积分 $\oint_{M_0M}\boldsymbol{A}\cdot\mathrm{d}\boldsymbol{l}$ 与路径无关. 其积分之值，只取决于积分的起点 $M_0(x_0,y_0,z_0)$ 与终点 $M(x,y,z)$；当起点 $M_0(x_0,y_0,z_0)$ 固定，它就是其终点 $M(x,y,z)$ 的函数，将这个函数记作 $u(x,y,z)$，即

$$u(x,y,z)=\int_{(x_0,y_0,z_0)}^{(x,y,z)}P\mathrm{d}x+Q\mathrm{d}y+R\mathrm{d}z$$

此函数具有下面的性质：$P=u_x, Q=u_y, R=u_z$. 现证明如下：

在点 $M(x,y,z)$ 附近取一点 $N(x+\Delta x,y,z)$，有

$$\begin{aligned}\Delta u=u(N)-u(M)&=\int_{M_0}^{N}\boldsymbol{A}\cdot\mathrm{d}\boldsymbol{l}-\int_{M_0}^{N}\boldsymbol{A}\cdot\mathrm{d}\boldsymbol{l}\\&=\int_{M}^{N}\boldsymbol{A}\cdot\mathrm{d}\boldsymbol{l}=\int_{(x,y,z)}^{(x+\Delta x,y,z)}P\mathrm{d}x+Q\mathrm{d}y+R\mathrm{d}z\end{aligned}$$

因积分与路径无关，故最后这个积分可以在直线段 MN 上进行，此时 y,z 都是常数，从而 $\mathrm{d}y=0, \mathrm{d}z=0$，这样 $\Delta u=\int_{(x,y,z)}^{(x+\Delta x,y,z)}P(x,y,z)\mathrm{d}x=\int_{x}^{x+\Delta x}P(x,y,z)\mathrm{d}x$. 由积分中值定理得 $\Delta u=P(x+\theta\Delta x,y,z)\cdot\Delta x, 0<\theta<1$. 两边同除以 Δx 后，再令 $\Delta x\to 0$，就得到 $u_x=P(x,y,z)$. 同理可证 $u_y=Q(x,y,z), u_z=R(x,y,z)$.

此性质表明：

(1) $\boldsymbol{A}\cdot\mathrm{d}\boldsymbol{l}=P\mathrm{d}x+Q\mathrm{d}y+R\mathrm{d}z=\mathrm{d}u$，称 u 为**原函数**；

(2) 函数 u 满足 $\boldsymbol{A}=\mathbf{grad}u$. 所以，矢量场 $\boldsymbol{A}$ 为有势场.

满足曲线积分 $\int_{\overset{\frown}{M_0M}}\boldsymbol{A}\cdot\mathrm{d}\boldsymbol{l}$ 与路径无关的矢量场 $\boldsymbol{A}$ 称为**保守场**.

易知，(1) 在线单连域内，以下四个命题彼此等价：

①场有势；②场无旋；③场保守；④$\boldsymbol{A}\cdot\mathrm{d}\boldsymbol{l}=P\mathrm{d}x+Q\mathrm{d}y+R\mathrm{d}z=\mathrm{d}u$.

(2) 函数 $u(x,y,z)$ 的求法，如图 2.5.2 所示

$$u(x,y,z)=\int_{x_0}^{x}P(x,y_0,z_0)\mathrm{d}x+\int_{y_0}^{y}Q(x,y,z_0)\mathrm{d}y+\int_{z_0}^{z}R(x,y,z)\mathrm{d}z.$$

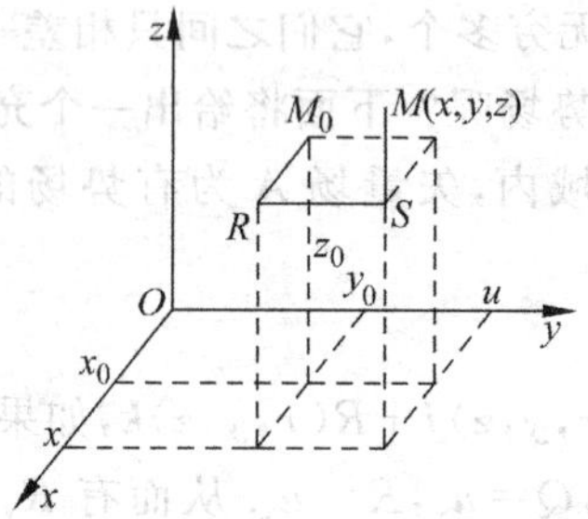

图 2.5.2

例 2.5.1 证明矢量场 $\boldsymbol{A}=2xyz^2\boldsymbol{i}+(x^2z^2+\cos y)\boldsymbol{j}+(2x^2yz)\boldsymbol{k}$ 为有势场，并求其势函数.

证 方法一(公式法)

雅可比矩阵为

$$DA=\begin{bmatrix}2yz^2 & 2xz^2 & 4xyz\\ 2xz^2 & -\sin y & 2x^2z\\ 4xyz & 2x^2z & 2x^2y\end{bmatrix}$$

得 $\mathbf{rot}\boldsymbol{A}=\mathbf{0}$. 故 $\boldsymbol{A}$ 为有势场. 上面的公式可求出

$$u=\int_0^x 0\mathrm{d}x+\int_0^y\cos y\mathrm{d}y+\int_0^z 2x^2yz\mathrm{d}z=\sin y+x^2yz^2$$

于是得势函数

$$v=-u=-\sin y-x^2yz^2$$

而全体势函数为

$$v=-\sin y-x^2yz^2+c$$

方法二(不定积分法)

因为 $u_x=2xyz^2, u_y=x^2z^2+\cos y, u_z=2x^2yz$，下面分别称其为第一、第二、第三个方程.

第一个方程左右两边对 x 求积分得

$$u=x^2yz^2+g(y,z)$$

上式对 y 求导得 $u_y=x^2z^2+g_y(y,z)$，等于第二个方程，因此 $g_y(y,z)=\cos y$，于是 $g(y,z)=\sin y+h(z)$，带入 $u=x^2yz^2+g(y,z)$ 得 $u=x^2yz^2+\sin y+h(z)$，对 z 求导得 $u_z=2x^2yz+h'(z)$，它与第三个方程相等得 $h'(z)=0$，即 $h(z)=C$，$u=x^2yz^2+\sin y+C$，因此势函数为 $u=x^2yz^2+\sin y+C$.

例 2.5.2 若 $\boldsymbol{A}=P(x,y,z)\boldsymbol{i}+Q(x,y,z)\boldsymbol{j}+R(x,y,z)\boldsymbol{k}$ 为保守场，则存在函数 $u(x,y,z)$，使

$$\int_{\overset{\frown}{AB}}\boldsymbol{A}\cdot\mathrm{d}\boldsymbol{l}=u(M)\big|_A^B=u(B)-u(A)$$

证 $\boldsymbol{A}$ 为保守场，则曲线积分 $\int_{\overset{\frown}{AB}}\boldsymbol{A}\cdot\mathrm{d}\boldsymbol{l}$ 与路径无关.

$$\int_{\overset{\frown}{AB}}\boldsymbol{A}\cdot\mathrm{d}\boldsymbol{l}=\int_A^B\boldsymbol{A}\cdot\mathrm{d}\boldsymbol{l}=\int_A^{M_0}\boldsymbol{A}\cdot\mathrm{d}\boldsymbol{l}+\int_{M_0}^B\boldsymbol{A}\cdot\mathrm{d}\boldsymbol{l}$$

$$=-\int_{M_0}^A\boldsymbol{A}\cdot\mathrm{d}\boldsymbol{l}+\int_{M_0}^B\boldsymbol{A}\cdot\mathrm{d}\boldsymbol{l}=u(B)-u(A)$$

例 2.5.3 证明矢量场 $\boldsymbol{A}=2xyz^3\boldsymbol{i}+x^2z^3\boldsymbol{j}+3x^2yz^2\boldsymbol{k}$ 为保守场，并求 $\int_{AB}\boldsymbol{A}\cdot\mathrm{d}\boldsymbol{l}$，其中 $A(1,4,1)$，$B(2,3,1)$.

解 显然 $\mathrm{d}(x^2yz^3)=\boldsymbol{A}\cdot\mathrm{d}\boldsymbol{l}=2xyz^3\mathrm{d}x+x^2z^3\mathrm{d}y+3x^2yz^2\mathrm{d}z$，所以

$$\int_{AB}\boldsymbol{A}\cdot\mathrm{d}\boldsymbol{l}=x^2yz^3\big|_A^B=12-4=8$$

2.5.2 管形场

定义 2.5.3 设有矢量场 $\boldsymbol{A}$，若散度处处为零，即 $\mathrm{div}\boldsymbol{A}=0$，则称此矢量场为**管形场**.

易知，管形场就是无源场.

定理 2.5.2 设管形场 $\boldsymbol{A}$ 所在的空间区域为一面单连域，在场中任取一个矢量管. 假定 S_1 与 S_2 是它的任意两个截面，其法矢 $\boldsymbol{n}_1$ 与 $\boldsymbol{n}_2$ 都朝向矢量 A 所指的一侧，如图 2.5.3 所示则有

$$\iint_{S_1}\boldsymbol{A}\cdot\mathrm{d}\boldsymbol{S}=\iint_{S_2}\boldsymbol{A}\cdot\mathrm{d}\boldsymbol{S}$$

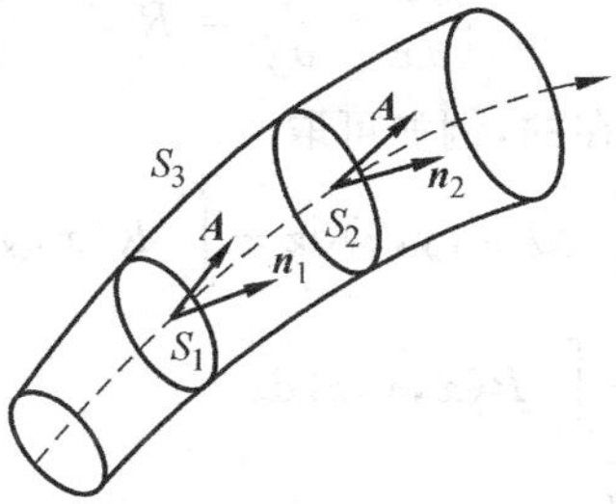

图 2.5.3

证 设 S 为由两断面 S_1 与 S_2 以及此两断面之间的一段矢量管面 S_3 所围成的一个封闭曲面. 由于管形场的散度为零，且场所在区域是面单连域，则由高斯定理

$$\iiint_{\Omega}\mathrm{div}\boldsymbol{A}\mathrm{d}V=\oiint_{S}\boldsymbol{A}\cdot\mathrm{d}\boldsymbol{S}=\iint_{S_1}A_n\mathrm{d}S+\iint_{S_2}A_n\mathrm{d}S+\iint_{S_3}A_n\mathrm{d}S=0$$

其中 A_n 表示在闭合曲面 S 上的外向法矢 $\boldsymbol{n}$ 的方向上的投影. 因为

$$\iint_{S_3}A_n\mathrm{d}S=0$$

所以

$$\iint_{S_1}A_n\mathrm{d}S=\iint_{S_2}A_n\mathrm{d}S$$

即

$$\iint_{S_1}\boldsymbol{A}\cdot\mathrm{d}\boldsymbol{S}=\iint_{S_2}\boldsymbol{A}\cdot\mathrm{d}\boldsymbol{S}$$

管形场中穿过同一矢量管的所有横截面的通量都相等,即为一常数,称其为此矢量管的**强度**. 比如在无源的流速场中,流入某个矢量管的流量和流出的流量是相等的. 因此流体在矢量管内流动,就好像在水管子里流动一样,管形场因而得名.

定理 2.5.3 在面单连域内,矢量场 $\boldsymbol{A}$ 为管形场的充要条件是它为另一个矢量场 $\boldsymbol{B}$ 的旋度场.

证

充分性 设 $\boldsymbol{A}=\mathbf{rot}\boldsymbol{B}$,则由旋度的基本公式有 $\mathrm{div}(\mathbf{rot}\boldsymbol{B})=0$,则有 $\mathrm{div}\boldsymbol{A}=0$,所以矢量场 $\boldsymbol{A}$ 为管形场.

必要性 设 $\boldsymbol{A}=P\boldsymbol{i}+Q\boldsymbol{j}+R\boldsymbol{k}$ 为管形场,即有 $\mathrm{div}\boldsymbol{A}=0$,现来证明存在矢量场 $\boldsymbol{B}=U\boldsymbol{i}+V\boldsymbol{j}+W\boldsymbol{k}$ 满足 $\mathbf{rot}\boldsymbol{B}=\boldsymbol{A}$,也就是满足

$$\begin{cases}\dfrac{\partial W}{\partial y}-\dfrac{\partial V}{\partial z}=P\\[2mm]\dfrac{\partial U}{\partial z}-\dfrac{\partial W}{\partial x}=Q\\[2mm]\dfrac{\partial V}{\partial x}-\dfrac{\partial U}{\partial y}=R\end{cases}$$

满足此方程的函数是存在的,例如可取

$$U=\int_{z_0}^{z}Q(x,y,z)\mathrm{d}z-\int_{y_0}^{y}R(x,y,z)\mathrm{d}y$$

$$V=-\int_{z_0}^{z}P(x,y,z)\mathrm{d}z$$

$$W=C$$

注意条件 $P_x+Q_y+R_z=0$.

例 2.5.4 确定常数 a,使 $\boldsymbol{A}=(x+3y)\boldsymbol{i}+(y-2z)\boldsymbol{j}+(x+az)\boldsymbol{k}$ 为管形场.

解 $\mathrm{div}\boldsymbol{A}=\dfrac{\partial}{\partial x}(x+3y)+\dfrac{\partial}{\partial y}(y-2z)+\dfrac{\partial}{\partial z}(x+az)=1+1+a$

由此可见，当 $a=-2$ 时，有 $\text{div}\boldsymbol{A}=0$，此时 $\boldsymbol{A}$ 为管形场.

例 2.5.5 证明 $\mathbf{grad}u\times\mathbf{grad}v$ 为管形场.

证
$$\begin{aligned}\text{div}(\mathbf{grad}u\times\mathbf{grad}v)&=\mathbf{grad}v\cdot\mathbf{rot}(\mathbf{grad}u)-\mathbf{grad}u\cdot\mathbf{rot}(\mathbf{grad}v)\\&=\mathbf{grad}v\cdot\mathbf{0}-\mathbf{grad}u\cdot\mathbf{0}\\&=0\end{aligned}$$

所以 $\mathbf{grad}u\times\mathbf{grad}v$ 为管形场.

2.5.3 调和场

定义 2.5.4 如果在矢量场 $\boldsymbol{A}$ 中恒有 $\text{div}\boldsymbol{A}=0$ 与 $\mathbf{rot}\boldsymbol{A}=\mathbf{0}$，则称此矢量场为**调和场**. 换言之，调和场是既无源又无旋的矢量场.

定义 2.5.5 设矢量场 $\boldsymbol{A}$ 为调和场，按定义有 $\mathbf{rot}\boldsymbol{A}=0$，因此存在函数 u 满足 $\boldsymbol{A}=\mathbf{grad}u$；又 $\text{div}\boldsymbol{A}=0$，于是有

$$\text{div}(\mathbf{rot}u)=0,\text{从而}\frac{\partial^2 u}{\partial^2 x}+\frac{\partial^2 u}{\partial^2 y}+\frac{\partial^2 u}{\partial^2 z}=0$$

这是一个二阶偏微分方程，叫做**拉普拉斯方程**，满足拉普拉斯方程且具有二阶连续偏导数的函数，称为**调和函数**.

例 2.5.6 证明矢量场 $\boldsymbol{A}=(2x+y)\boldsymbol{i}+(x+4y+2z)\boldsymbol{j}+(2y-6z)\boldsymbol{k}$ 为调和场，并求其一个调和函数.

解 由 $D\boldsymbol{A}=\begin{pmatrix}2&1&0\\1&4&2\\0&2&-6\end{pmatrix}$，有

$$\text{div}\boldsymbol{A}=2+4-6=0$$
$$\mathbf{rot}\boldsymbol{A}=(2-2)\boldsymbol{i}+(0-0)\boldsymbol{j}+(1-1)\boldsymbol{k}=\mathbf{0}$$

故 $\boldsymbol{A}$ 为调和场.

其调和函数 u 由下式得出

$$\begin{aligned}u&=\int_0^x P(x,0,0)\mathrm{d}x+\int_0^y Q(x,y,0)\mathrm{d}y+\int_0^z P(x,y,z)\mathrm{d}z+C\\&=\int_0^x 2x\mathrm{d}x+\int_0^y (x+4y)\mathrm{d}y+\int_0^z (2y-6z)\mathrm{d}z+C\\&=x^2+2y^2+xy+2yz-3z^2+C\end{aligned}$$

习题 2.5

1. 证明下列矢量场为有势场，并用公式法和不定积分法求其势函数.

(1) $\boldsymbol{A}=y\cos xy\boldsymbol{i}+x\cos xy\boldsymbol{j}+\sin z\boldsymbol{k}$；

(2) $\boldsymbol{A}=(2x\cos y-y^2\sin x)\boldsymbol{i}+(2y\cos x-x^2\sin y)\boldsymbol{j}$.

2. 下列矢量场 $\boldsymbol{A}$ 是否为保守场？若是，计算曲线积分 $\int_l \boldsymbol{A}\mathrm{d}\boldsymbol{l}$.

(1) $\boldsymbol{A}=(6xy+z^3)\boldsymbol{i}+(3x^2-z)\boldsymbol{j}+(3xz^2-y)\boldsymbol{k}$，$\boldsymbol{l}$ 的起点为 $A(4,0,1)$，终点为 $B(2,1,-1)$；

(2) $\boldsymbol{A}=2xz\boldsymbol{i}+2yz^2\boldsymbol{j}+(x^2+2y^2z-1)\boldsymbol{k}$，$\boldsymbol{l}$ 的起点为 $A(3,0,1)$，终点为 $B(5,-1,3)$.

3. 求下列全微分的原函数 u.

(1) $\mathrm{d}u=(x^2-2yz)\mathrm{d}x+(y^2-2xz)\mathrm{d}y+(z^2-2xy)\mathrm{d}z$；

(2) $\mathrm{d}u=(3x^2+6xy^2)\mathrm{d}x+(6x^2y+4y^3)\mathrm{d}y$.

4. 求证(1) $\boldsymbol{A}=(2x^2+8xy^2z)\boldsymbol{i}+(3x^3y-3xy)\boldsymbol{j}-(4y^2z^2+2x^3z)\boldsymbol{k}$ 不是管形场；

(2) $\boldsymbol{B}=xyz^2\boldsymbol{A}$ 是管形场.

5. 设 $\boldsymbol{B}$ 为无源场 $\boldsymbol{A}$ 的矢势量，$\varphi(x,y,z)$ 为具有二阶连续偏导数的任意函数，证明 $\boldsymbol{B}+\mathbf{grad}\varphi$ 亦为矢量场 $\boldsymbol{A}$ 的矢势量.

*2.6 平面矢量场

*2.6.1 平行平面场

平行平面场是一种常见的、具有一定几何特点的场，因而可简化对其的研究. 平行平面场亦有数量场和矢量场两种，兹分述于下.

1. 平行平面矢量场

如果某个矢量场 $\boldsymbol{A}=\boldsymbol{A}(M)$ 具有下面的几何特点：

(1) 场中所有的矢量 $\boldsymbol{A}$ 都平行于某一平面；

(2) 在垂直于平面 π 的任一直线的所有点上，矢量 $\boldsymbol{A}$ 的大小和方向都相同，则称此矢量场为**平行平面矢量场**.

显然，在这种场中，每一个与平面 π 平行的平面上，场中矢量的分布都是相同的. 因此，只要知道场在其中一个平面上的情况，则场在整个空间里的情况就知道了. 也就是说，可以将平行平面矢量场简化为一个平面矢量场来研究. 一般就在平行于 π 的平面中任取一块作为 xOy 平面，来研究矢量场 $\boldsymbol{A}$ 在其上的情况，此时，$\boldsymbol{A}$ 的表达式为

$$\boldsymbol{A}(x,y)=A_x(x,y)\boldsymbol{i}+A_y(x,y)\boldsymbol{j}$$

例 2.6.1 设有一根无线长的均匀带电直线 l，其上电荷分布的线密度为 q，则在 l 周围的空间里所产生的电场中，由电场强度 $\boldsymbol{E}(M)$ 所构成的矢量场便是一个与 l 相垂直的平行平面矢量场. 若任取一块与 l 相垂直的平面作为 xOy 平面，原点 O 取在垂足处，则由物理学知 $\boldsymbol{E}(M)$ 场强在其上的表达式为

$$\boldsymbol{E}=\frac{q}{2\pi\varepsilon r^2}\boldsymbol{r}$$

其中 ε 为介电常数，$\boldsymbol{r}=\boldsymbol{OM}=x\boldsymbol{i}+y\boldsymbol{j}$，$r=|\boldsymbol{r}|$.

在这个例子中，xOy 平面上分布的电场，通常也叫做电量为 q 的点电荷所产生的平面静电场. 但是我们应当明确，它实际上是无限长均匀带电直线所产生的平行平面静电场的代表. 所谓电量 q，也应理解为带电直线上电荷分布的线密度.

矢量场的整体结构可以借助一簇矢量线来描绘.

定义 2.6.1 定义在 D 上的连续矢量函数 $\boldsymbol{A}(M)$**矢量线** $\boldsymbol{\lambda}$.

(1) $\lambda\subset D$，即 λ 包含于 D；

(2) 在曲线 λ 上任一点 M 处的切线方向和该点矢量 $\boldsymbol{A}(M)$ 的方向重合.

设曲线 λ 的参数方程为

$$\boldsymbol{r}(t)=\{x(t),y(t)\}$$

则

$$\frac{\mathrm{d}r(t)}{\mathrm{d}t}=\left\{\frac{\mathrm{d}x}{\mathrm{d}t},\frac{\mathrm{d}y}{\mathrm{d}t}\right\}$$

又

$$\frac{\mathrm{d}r}{\mathrm{d}t}\parallel \boldsymbol{A}(M)$$

故 $\dfrac{\mathrm{d}x}{A_x}=\dfrac{\mathrm{d}y}{A_y}$，此为矢量线 λ 满足的微分方程.

例 2.6.2 设 $\boldsymbol{A}=\{x,y\}$，$\boldsymbol{B}=\{x,-y\}$，$\boldsymbol{C}=\{y,-x\}$，求此矢量场的矢量线方程.

解 由 $\boldsymbol{A}=\{x,y\}$，则矢量线满足的微分方程为 $\dfrac{\mathrm{d}x}{x}=\dfrac{\mathrm{d}y}{y}$.

得

$$\ln y=\ln x+C_1$$

得

$$\ln y=\ln Cx$$

即

$$y=Cx\quad（C\text{ 为任意实数}）$$

同样道理，矢量场 $\boldsymbol{B}(x,y)=\{x,-y\}$ 和 $\boldsymbol{C}(x,y)=\{y,-x\}$ 的矢量线方程分别是 $xy=C$ 和 $x^2+y^2=C$(C 为任意实数)，其矢量线示意图分别如图 2.6.1～图 2.6.3 所示，从图中不难看出，$\boldsymbol{A}$ 在这个平面矢量场中矢量的分布状况.

可见，当矢量 $\boldsymbol{A}(M)$ 不为零矢量时，整个平面区域都被矢量线所填满，并且过区域每一点 M 都只有一条矢量线通过，且在区域内不相交. 矢量线上任一点的切线向量，就是区域内分布的矢量.

2. 平行平面数量场

如果某个数量场 $u=u(M)$ 具有这样的几何特点：在垂直于场中某一直线 l 的所

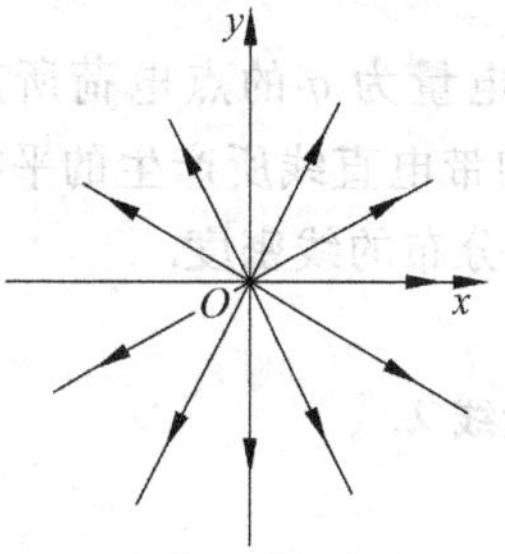

图 2.6.1

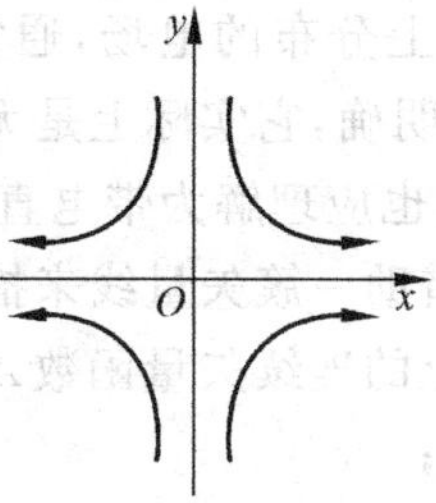

图 2.6.2

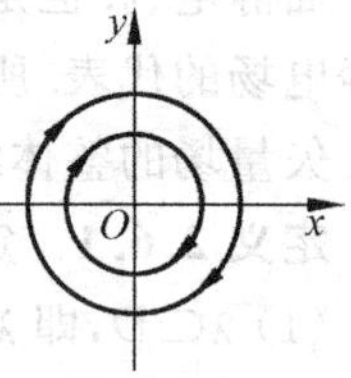

图 2.6.3

有平行平面上，数量 u 的分布情况都是相同的，或者说，在场中与直线 l 平行的任意一条直线的所有点上，数量 u 都相同，则称此数量场为**平行平面数量场**.

和平行平面矢量场一样，也可将平行平面数量场简化为一个平面数量场来研究，通常任取一块与直线 l 相垂直的平面作为 xOy 平面，来研究数量 u 在其上的分布情况. 此时数量 u 的表达式为

$$u = u(x, y)$$

例 2.6.3 如例 2.6.1，无限长均匀带电直线 l 在其周围空间里所产生的电场中，由电位 $v(M)$ 所构成的数量场就是一个平行平面数量场. 假定与例 2.6.1 采用同样的坐标与记号，电位 v 的表示式为

$$v = \frac{q}{2\pi\varepsilon}\ln\frac{1}{r} + C$$

其中 C 为任意常数.

平行平面数量场和平行平面矢量场，在不致发生混淆的地方，均可简称为**平行平面场或平面场**(因为它们都可简化为平面来研究).

例 2.6.4 给定二元函数

$$\varphi(x, y) = \frac{1}{2\pi}e^{-\frac{x^2+y^2}{2}}, \quad (x, y) \in R^2$$

其中 R^2 表示实数平面，则在整个实数平面上形成一个平面数量场 $\varphi(x, y)$. 相当于将 $z=\varphi(x, y)$ 这一“几何形体”，“压缩”到 xOy 平面上所呈现的分布状态.

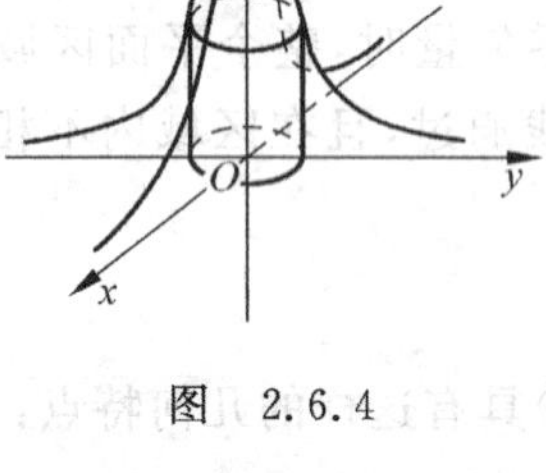

图 2.6.4

而数量函数 $\varphi(x)=\frac{1}{\sqrt{2\pi}}e^{-\frac{x^2}{2}}$ 是典型的平面数量场，同样地，数量函数 $\varphi(x,y,z)=\left(\frac{1}{\sqrt{2\pi}}\right)^3 e^{-\frac{x^2+y^2+z^2}{2}}$ 都可以这样理解，但超出本书的讨论范围.

综上，数量场是数量函数 $u(M)(M\in V)$ 在其定义域 V 上所形成的一种数量分布，即由 $u(M)$ 所确定的"几何形体"被"压缩"到定义 V 上所呈现出的分布状况.

3. 平面调和场

平面调和场是既无源又无旋的平面矢量场. 即同时满足 $\text{div}\boldsymbol{A}=0$ 和 $\textbf{rot}\boldsymbol{A}=\boldsymbol{0}$ 的平面矢量场称为**平面调和场**. 它除具有空间调和场的性质外，还具有一些特殊的性质，这是我们所应注意的.

设有平面矢量场 $\boldsymbol{A}(x,y)=P(x,y)\boldsymbol{i}+Q(x,y)\boldsymbol{j}$.

(1) 由于 $\textbf{rot}\boldsymbol{A}=\left(\frac{\partial Q}{\partial x}-\frac{\partial P}{\partial y}\right)\boldsymbol{k}=\boldsymbol{0}$，即 $\frac{\partial Q}{\partial x}=\frac{\partial P}{\partial y}$. 故存在势函数 $v(x,y)$ 满足 $\boldsymbol{A}=-\textbf{grad}v$，即有 $P=-\frac{\partial v}{\partial x}, Q=-\frac{\partial v}{\partial y}$. 其中势函数可用如下积分来计算

$$v(x,y)=-\int_{x_0}^{x}P(x,y)\mathrm{d}x-\int_{y_0}^{y}Q(x,y)\mathrm{d}y$$

(2) 由于 $\text{div}\boldsymbol{A}=0$，即 $\frac{\partial P}{\partial x}+\frac{\partial Q}{\partial y}=0$，它表明矢量场 $\boldsymbol{A}=-Q\boldsymbol{i}+P\boldsymbol{j}$ 的旋度 $\textbf{rot}\boldsymbol{A}=\boldsymbol{0}$，因此矢量场 $\boldsymbol{A}=-Q\boldsymbol{i}+P\boldsymbol{j}$ 为有势场，故存在函数 $u(x,y)$ 满足 $\boldsymbol{A}=\textbf{grad}u$，即有

$$-Q=\frac{\partial u}{\partial x},\quad P=\frac{\partial u}{\partial y}$$

函数 $u(x,y)$ 称为矢量场 $\boldsymbol{A}$ 的**力函数**，可用如下积分来计算

$$u(x,y)=\int_{x_0}^{x}-Q(x,y_0)\mathrm{d}x+\int_{y_0}^{y}P(x,y)\mathrm{d}y$$

(3) 比较上面的偏导等式可得

$$\frac{\partial u}{\partial x}=\frac{\partial v}{\partial y}\text{ 且 }\frac{\partial u}{\partial y}=-\frac{\partial v}{\partial x}$$

高等数学中此组等式称为 **C-R 方程**，这里将这组方程称**共轭调和条件**，满足此条件的函数 $u(x,y)$ 和 $v(x,y)$ 叫做**共轭调和函数**，因此平面调和场中的 $u(x,y)$ 和 $v(x,y)$ 是一对共轭调和函数. 若已知其中一个，就可以利用共轭调和条件求出另一个.

(4) 力函数 $u(x,y)$ 和势函数 $v(x,y)$ 的等值线

$u(x,y)=C_1, v(x,y)=C_2$ (C_1、C_2 为任意实数)分别叫做平面调和场 $\boldsymbol{A}$ 的**力线**和**等势线**，并且不难验证，力线就是平面调和场 $\boldsymbol{A}$ 的矢量线. 力线和等势线正交.

例 2.6.5 点电荷 q 产生的平面静电场为

$$\boldsymbol{E}=\frac{q}{2\pi\varepsilon r^2}\boldsymbol{r}\quad(r=\sqrt{x^2+y^2}\neq 0)$$

(1) 证明 $\boldsymbol{E}$ 是平面调和场；

(2) 求 $\boldsymbol{E}$ 的力线和等势线.

解 (1) 因为

$$\mathrm{div}\boldsymbol{E}=\frac{q}{2\pi\varepsilon}\mathrm{div}\left(\frac{\boldsymbol{r}}{r^2}\right)=\frac{q}{2\pi\varepsilon}\left[\left(\frac{\partial}{\partial x}\boldsymbol{i}+\frac{\partial}{\partial y}\boldsymbol{j}\right)\cdot\left(\frac{x}{r^2}\boldsymbol{i}+\frac{y}{r^2}\boldsymbol{j}\right)\right]=0$$

$$\mathbf{rot}\boldsymbol{E}=\frac{q}{2\pi\varepsilon}\mathbf{rot}\left(\frac{\boldsymbol{r}}{r^2}\right)=\frac{q}{2\pi\varepsilon}\left[\left(\frac{\partial}{\partial x}\boldsymbol{i}+\frac{\partial}{\partial y}\boldsymbol{j}\right)\times\left(\frac{x}{r^2}\boldsymbol{i}+\frac{y}{r^2}\boldsymbol{j}\right)\right]=\mathbf{0}$$

所以 $\boldsymbol{E}$ 是调和场.

(2) 因为 $\boldsymbol{E}$ 是平面调和场,由

$$\{P(x,y),Q(x,y)\}=\frac{q}{2\pi\varepsilon}\left\{\frac{x}{r^2},\frac{y}{r^2}\right\}$$

则势函数为

$$\begin{aligned}v(x,y)&=\frac{q}{2\pi\varepsilon}\left(-\int_{x_0}^{x}\frac{x}{x^2+y_0}\mathrm{d}x-\int_{y_0}^{y}\frac{y}{x^2+y^2}\mathrm{d}y\right)\\&=\frac{q}{2\pi\varepsilon}\ln\frac{x_0+y_0}{x^2+y^2}\end{aligned}$$

力函数为

$$\begin{aligned}u(x,y)&=\frac{q}{2\pi\varepsilon}\left(-\int_{x_0}^{x}\frac{y_0}{x^2+y_0{}^2}\mathrm{d}x+\int_{y_0}^{y}\frac{x}{x^2+y^2}\mathrm{d}y\right)\\&=\frac{q}{2\pi\varepsilon}\left(\arctan\frac{y}{x}+\arctan\frac{x_0}{y_0}-\frac{\pi}{2}\right)\end{aligned}$$

分别令 u、v 为常数,求得等势线方程为

$$x^2+y^2=c_1$$

力线方程为

$$y=c_2x$$

此两族曲线是正交的,如图 2.6.5 所示.

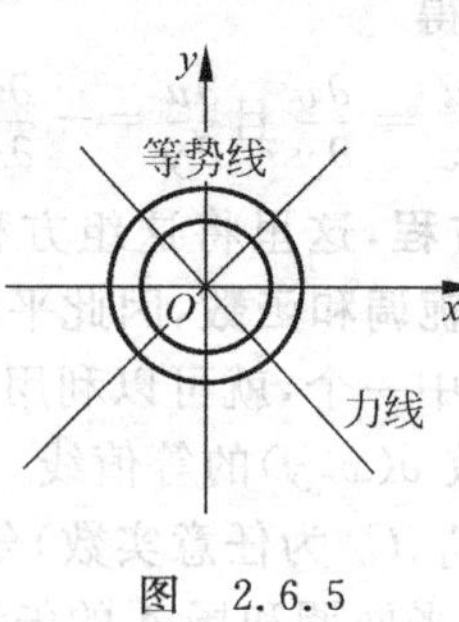

图 2.6.5

*2.6.2 平面矢量场的通量与散度

空间矢量场的通量和散度的定义不适用于平面矢量场. 但我们可用类似的方法来引入平面矢量场的通量和散度的概念. 为此,我们对平面有向曲线上任一点 M 处

的法矢量 $\boldsymbol{n}$ 的方向做这样规定：若将 $\boldsymbol{n}$ 按逆时针方向旋转 $\frac{\pi}{2}$，它便与该点处的切线矢量 $\boldsymbol{\tau}$ 共线且同指向. 换言之，$\boldsymbol{n}$ 与 $\boldsymbol{\tau}$ 相互的位置关系，正如 Ox 轴与 Oy 轴的关系一样. 如图 2.6.6 所示.

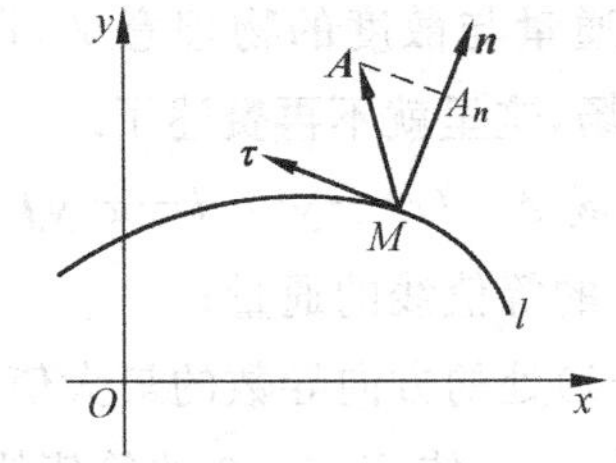

图 2.6.6

定义 2.6.2 设有平面矢量场 $\boldsymbol{A}(M)$，沿其中某一有向曲线 $\boldsymbol{l}$ 的曲线积分

$$\Phi = \int_l A_n \mathrm{d}l$$

称做矢量场 $\boldsymbol{A}(M)$ 沿法矢量 $\boldsymbol{n}$ 的方向穿过曲线 l 的**通量**.

在直角坐标系中，设

$$\boldsymbol{A}(x,y) = P(x,y)\boldsymbol{i} + Q(x,y)\boldsymbol{j}$$

又曲线 $\boldsymbol{l}$ 的单位法矢量

$$\boldsymbol{n}^0 = \cos(\boldsymbol{n},\boldsymbol{i})\boldsymbol{i} + \cos(\boldsymbol{n},\boldsymbol{j})\boldsymbol{j} = \cos(\boldsymbol{\tau},\boldsymbol{j})\boldsymbol{i} + \cos(\boldsymbol{\tau},-\boldsymbol{i})\boldsymbol{j} = \frac{\mathrm{d}y}{\mathrm{d}l}\boldsymbol{i} - \frac{\mathrm{d}x}{\mathrm{d}l}\boldsymbol{j}$$

则通量 $\boldsymbol{\Phi}$ 可表示为

$$\Phi = \int_l A_n \mathrm{d}l = \int_l \boldsymbol{A} \cdot \boldsymbol{n}^0 \mathrm{d}l = \int_l P\mathrm{d}y - Q\mathrm{d}x$$

若 l 为封闭的平面曲线，按习惯总取其逆时针方向为正方向，而且对于环绕曲线 l 一周的曲线积分 $\oint_l$ 来说，若未指明其积分所沿的方向，就表示积分是沿 l 的正方向进行，据此，我们有下面的定义.

定义 2.6.3 设有平面矢量场 $\boldsymbol{A}(M)$，于场中一点 M 的某个邻域内作一包含点 M 在内的任一闭合曲线 Δl，设其所包围的平面区域为 $\Delta\sigma$，以 ΔS 表示其面积，以 $\Delta\Phi$ 表示从其内穿出 Δl 的通量. 若当 $\Delta\sigma$ 以任意方式缩向点 M 时，分式

$$\frac{\Delta\Phi}{\Delta S} = \frac{\oint_{\Delta l} \boldsymbol{A}_n \mathrm{d}l}{\Delta S}$$

的极限存在，则称此极限为矢量 $\boldsymbol{A}(M)$ 在点 M 处的**散度**，记作 $\mathrm{div}\boldsymbol{A}$. 即 $\mathrm{div}\boldsymbol{A} = \lim\limits_{\Delta\sigma \to M} \frac{\Delta\Phi}{\Delta S} = \frac{\oint_{\Delta l} \boldsymbol{A}_n \mathrm{d}l}{\Delta S}$.

和空间情况类似,在这里引用格林(Green)公式

$$\oint_l -Q\mathrm{d}x + P\mathrm{d}y = \iint_D \left(\frac{\partial P}{\partial x} + \frac{\partial Q}{\partial y}\right)\mathrm{d}\sigma$$

可见,前面所述的高斯公式实际上是平面格林公式在空间的推广.

此外,对于空间矢量场中通量与散度的物理意义,以及散度的性质和运算公式等,均相应地适用于平面矢量场,这里就不再赘述了.

例 2.6.6 已知平面矢量场 $\boldsymbol{A}=(a^2-y^2)x\boldsymbol{i}-x^2y\boldsymbol{j}$,其中 a 为常数.

(1) 求场 $\boldsymbol{A}$ 穿出 $\mathrm{div}\boldsymbol{A}=0$ 的等值线的通量;

(2) 求 $\mathrm{div}\boldsymbol{A}$ 在点 $M(2,-1)$处的方向导数的最大值.

解 (1) 因 $\mathrm{div}\boldsymbol{A}=a^2-y^2-x^2$. 使 $\mathrm{div}\boldsymbol{A}=0$ 的等值线为一圆周 $x^2+y^2=a^2$. 场 $\boldsymbol{A}$ 穿出 l 的通量为

$$\Phi = \oint_l A_n \mathrm{d}l = \oint_l -Q\mathrm{d}x + P\mathrm{d}y = \iint_D \mathrm{div}\boldsymbol{A}\mathrm{d}\sigma = \iint_D (a^2-y^2-x^2)\mathrm{d}\sigma$$

其中 D: $x^2+y^2\leqslant a^2$.

用极坐标计算,则

$$\Phi = \int_0^{2\pi}\mathrm{d}\theta\int_0^a (a^2-r^2)r\mathrm{d}r = 2\pi\int_0^a (a^2r-r^3)\mathrm{d}r = \frac{1}{2}\pi a^4$$

(2) 因 $\mathbf{grad}(\mathrm{div}\boldsymbol{A})=-2(x\boldsymbol{i}+y\boldsymbol{j})$,于是 $\mathrm{div}\boldsymbol{A}$ 在点 $M(2,-1)$处的方向导数的最大值为

$$|\mathbf{grad}(\mathrm{div}\boldsymbol{A})|_M = |-2(2\boldsymbol{i}-\boldsymbol{j})| = 2\sqrt{5}$$

习题 2.6

1. 设 $\varphi(x)=\dfrac{1}{\sqrt{2\pi}}\mathrm{e}^{-\frac{x^2}{2}}$,求此数量函数 $\varphi(x)$的等值点方程.

2. 设 $\boldsymbol{A}=\dfrac{y}{\sqrt{x^2+y^2}}\boldsymbol{i}+\dfrac{-x}{\sqrt{x^2+y^2}}\boldsymbol{j}$,$(x,y)\in R^2-(0,0)$.

(1) 作出 $\boldsymbol{A}$ 在平面上的矢量分布示意图;

(2) 求出 $\boldsymbol{A}$ 的矢量线方程.

3. 画出平面数量场 $u=\dfrac{1}{2}(x^2-y^2)$中 $u=0,1,2$ 的等值线,式中$(x,y)\in R^2$,并画出场在 $M_1(2,\sqrt{2})$与点 $M_2(3,\sqrt{7})$处的梯度 $\mathbf{grad}u$.

4. 试证矢量场 $\boldsymbol{A}=-2y\boldsymbol{i}-2x\boldsymbol{j}$ 为平面调和场,并且

(1) 求出场的力函数 u 和势函数 v;

(2) 画出场的力线和等势线的示意图.

5. 已知平面调和场的力函数 $u=x^2-y^2+xy$，求场的势函数 v 及场矢量 $\boldsymbol{A}$.

6. 求 $\mathbf{grad}\,|\boldsymbol{a}\times\boldsymbol{r}|^2$，其中 $\boldsymbol{a}=\{a_1,a_2\}$ 为常矢，且 $\boldsymbol{r}=\{x,y\}$，$r=|\boldsymbol{r}|$.

7. 求 $\mathrm{div}\boldsymbol{r}(\boldsymbol{r}\cdot\boldsymbol{a})$，其中 $\boldsymbol{a}=\{a_1,a_2\}$ 为常矢，且 $\boldsymbol{r}=\{x,y\}$，$r=|\boldsymbol{r}|$.

8. 设有平面矢量场 $\boldsymbol{A}=\{-y,x\}$，曲线 l 为场中的椭圆曲线 $\frac{x^2}{a^2}+\frac{y^2}{b^2}=1$，求：

(1) 矢量场 $\boldsymbol{A}$ 穿过 l 的正向的通量 Φ；

(2) 矢量场 $\boldsymbol{A}$ 沿 l 的正向的环量 Γ.

总习题二

1. 已知矢量场

$$\boldsymbol{A}(\boldsymbol{r})=\frac{1}{\sqrt{x^2+y^2+z^2}}(x\boldsymbol{i}+y\boldsymbol{j}+z\boldsymbol{k})$$

求其矢量线方程.

2. 设有一位于坐标原点的点电荷 q，由电学可知，在其周围空间的任一点 $M(x,y,z)$ 所产生的电位为 $v=\frac{q}{4\pi\varepsilon r}$，其中 ε 为介电常数，$\boldsymbol{r}=x\boldsymbol{i}+y\boldsymbol{j}+z\boldsymbol{k}$，$r=|\boldsymbol{r}|$，试求电位 v 的梯度.

3. 设 $\boldsymbol{A}=P(x,y,z)\boldsymbol{i}+Q(x,y,z)\boldsymbol{j}+R(x,y,z)\boldsymbol{k}$，$\boldsymbol{r}=x\boldsymbol{i}+y\boldsymbol{j}+z\boldsymbol{k}$，证明

$$\mathrm{d}\boldsymbol{A}=(\mathbf{grad}P\cdot\mathrm{d}\boldsymbol{r})\boldsymbol{i}+(\mathbf{grad}Q\cdot\mathrm{d}\boldsymbol{r})\boldsymbol{j}+(\mathbf{grad}R\cdot\mathrm{d}\boldsymbol{r})\boldsymbol{k}$$

4. 由电量为 q 的点电荷所形成的电场强度为 $\boldsymbol{E}=k\frac{q}{r^3}\boldsymbol{r}$，$r$ 是从点源出发的矢径 $\boldsymbol{r}$ 的模，为常数. 计算以 r 为半径的球面上的电场强度通量.

5. 求矢量场 A 从内穿出所给闭合曲面 S 的通量 Φ.

(1) $\boldsymbol{A}=x^3\boldsymbol{i}+y^3\boldsymbol{j}+z^3\boldsymbol{k}$，$S$ 为球面 $x^2+y^2+z^2=a^2$；

(2) $\boldsymbol{A}=(x+y+z)\boldsymbol{i}+(y-z+x)\boldsymbol{j}+(z-x+y)\boldsymbol{k}$，$S$ 为椭球面 $\frac{x^2}{a^2}+\frac{y^2}{b^2}+\frac{z^2}{c^2}=1$.

6. 设一无穷长导线与 Oz 轴方向一致，通过电流 I 后，在导线周围便产生磁场，其在点 $M(x,y,z)$ 处的磁场强度为

$$\boldsymbol{H}=\frac{1}{2\pi r^2}(-y\boldsymbol{i}+x\boldsymbol{j})$$

其中 $r=\sqrt{x^2+y^2}$，求 $\mathrm{div}\boldsymbol{H}$.

7. 设有点电荷 q 位于坐标原点，试证其所产生的电场中电位移矢量 $\boldsymbol{D}$ 的旋度为零.

8. 利用斯托克斯定理求矢量场 $\boldsymbol{A}=x^2\boldsymbol{i}-xy^2\boldsymbol{j}$ 沿 x 轴上 $x=0$ 的点至 $x=a$ 点、

第一象限内点$(a,0)$至点$(0,a)$的四分之一圆周及 y 轴上的 $y=a$ 点至 $y=0$ 点形成的闭合路径 C 的环量.

9. 是否存在矢量场 $\boldsymbol{B}$,使得(1)$\mathbf{rot}\boldsymbol{B}=x\boldsymbol{i}+y\boldsymbol{j}+z\boldsymbol{k}$;(2)$\mathbf{rot}\boldsymbol{B}=y^2\boldsymbol{i}+z^2\boldsymbol{j}+x^2\boldsymbol{k}$?若存在,求出 $\boldsymbol{B}$.

10. 若函数 $\varphi(x,y,z)$满足拉普拉斯方程$\frac{\partial^2\varphi}{\partial x^2}+\frac{\partial^2\varphi}{\partial y^2}+\frac{\partial^2\varphi}{\partial z^2}=0$,证明梯度场 $\mathbf{grad}\varphi$ 为调和场.

第3章

拉普拉斯算子与哈密顿算子

3.1 拉普拉斯算子

定义 3.1.1 $\Delta=\frac{\partial^2}{\partial x^2}+\frac{\partial^2}{\partial y^2}+\frac{\partial^2}{\partial z^2}$称做**拉普拉斯算子**，记号 Δ 可读作“拉普拉逊(Laplacian)”，也称为**线性微分算子**.

于是，拉普拉斯方程$\frac{\partial^2 u}{\partial x^2}+\frac{\partial^2 u}{\partial y^2}+\frac{\partial^2 u}{\partial z^2}=0$ 可记作 $\Delta u=0$.

3.2 哈密顿算子

定义 3.2.1 哈密顿(Hamilton)引进了一个矢性微分算子

$$\nabla=\frac{\partial}{\partial x}\boldsymbol{i}+\frac{\partial}{\partial y}\boldsymbol{j}+\frac{\partial}{\partial z}\boldsymbol{k}$$

它称做**哈密顿算子**，也称为**∇算子**，记号∇读作“那勃勒(Nabla)”. ∇本身并无意义，就是一个微分算子，同时又被看作一个矢量，在运算时，具有矢量和微分的双重身份. 显然哈密顿算子∇与拉普拉斯算子 Δ 有如下关系：

$$\Delta=\nabla\cdot\nabla=\nabla^2$$

设 $\boldsymbol{A}=P(x,y,z,)\boldsymbol{i}+Q(x,y,z)\boldsymbol{j}+R(x,y,z)\boldsymbol{k}$，$u=u(x,y,z)$，则有下面的运算规则

$$\nabla u=\left(\boldsymbol{i}\frac{\partial}{\partial x}+\boldsymbol{j}\frac{\partial}{\partial y}+\boldsymbol{k}\frac{\partial}{\partial z}\right)u=\frac{\partial u}{\partial x}\boldsymbol{i}+\frac{\partial u}{\partial y}\boldsymbol{j}+\frac{\partial u}{\partial z}\boldsymbol{k}$$

$$\nabla\cdot\boldsymbol{A}=\left(\boldsymbol{i}\frac{\partial}{\partial x}+\boldsymbol{j}\frac{\partial}{\partial y}+\boldsymbol{k}\frac{\partial}{\partial z}\right)\cdot\boldsymbol{A}=\left(\boldsymbol{i}\frac{\partial}{\partial x}+\boldsymbol{j}\frac{\partial}{\partial y}+\boldsymbol{k}\frac{\partial}{\partial z}\right)\cdot(P\boldsymbol{i}+Q\boldsymbol{j}+R\boldsymbol{k})$$

$$=\frac{\partial P}{\partial x}+\frac{\partial Q}{\partial y}+\frac{\partial R}{\partial z}$$

$$\nabla\times \boldsymbol{A}=\left(\boldsymbol{i}\frac{\partial}{\partial x}+\boldsymbol{j}\frac{\partial}{\partial y}+\boldsymbol{k}\frac{\partial}{\partial z}\right)\times \boldsymbol{A}=\left(\boldsymbol{i}\frac{\partial}{\partial x}+\boldsymbol{j}\frac{\partial}{\partial y}+\boldsymbol{k}\frac{\partial}{\partial z}\right)\times (P\boldsymbol{i}+Q\boldsymbol{j}+R\boldsymbol{k})$$

$$=\begin{vmatrix} \boldsymbol{i} & \boldsymbol{j} & \boldsymbol{k} \\ \frac{\partial}{\partial x} & \frac{\partial}{\partial y} & \frac{\partial}{\partial z} \\ P & Q & R \end{vmatrix}=(R_y-Q_z)\boldsymbol{i}+(P_z-R_x)\boldsymbol{j}+(Q_x-P_y)\boldsymbol{k}$$

由此可见,前边对场研究引出的“三度”：梯度 **grad**u、散度 div$\boldsymbol{A}$ 和旋度 **rot**$\boldsymbol{A}$,可以有新的表示：

$$\mathbf{grad}\,u=\frac{\partial u}{\partial x}\boldsymbol{i}+\frac{\partial u}{\partial y}\boldsymbol{j}+\frac{\partial u}{\partial z}\boldsymbol{k}=\nabla u$$

$$\mathrm{div}\boldsymbol{A}=\frac{\partial P}{\partial x}+\frac{\partial Q}{\partial y}+\frac{\partial R}{\partial z}=\nabla\cdot \boldsymbol{A}$$

$$\mathbf{rot}\boldsymbol{A}=(R_y-Q_z)\boldsymbol{i}+(P_z-R_x)\boldsymbol{j}+(Q_x-P_y)\boldsymbol{k}=\nabla\times \boldsymbol{A}$$

从而在一些相关的公式里也可以用∇算子来表示.

此外,为了在某些公式中应用更为方便,我们还引进如下的数性微分算子.

定义 3.2.2 $\boldsymbol{A}\cdot\nabla=\boldsymbol{A}\cdot\left(\boldsymbol{i}\frac{\partial}{\partial x}+\boldsymbol{j}\frac{\partial}{\partial y}+\boldsymbol{k}\frac{\partial}{\partial z}\right)$

$$=(P\boldsymbol{i}+Q\boldsymbol{j}+R\boldsymbol{k})\cdot\left(\boldsymbol{i}\frac{\partial}{\partial x}+\boldsymbol{j}\frac{\partial}{\partial y}+\boldsymbol{k}\frac{\partial}{\partial z}\right)$$

$$=P\frac{\partial}{\partial x}+Q\frac{\partial}{\partial y}+R\frac{\partial}{\partial z}$$

它既可以作用在数性函数 $u=u(M)$上,又可以作用在矢性函数 $\boldsymbol{B}(M)$上.

$$(\boldsymbol{A}\cdot\nabla)u=P\frac{\partial u}{\partial x}+Q\frac{\partial u}{\partial y}+R\frac{\partial u}{\partial z}$$

$$(\boldsymbol{A}\cdot\nabla)\boldsymbol{B}=P\frac{\partial \boldsymbol{B}}{\partial x}+Q\frac{\partial \boldsymbol{B}}{\partial y}+R\frac{\partial \boldsymbol{B}}{\partial z}$$

注 (1) $\nabla\cdot\boldsymbol{A}$ 与 $\boldsymbol{A}\cdot\nabla$是完全不同的；

(2) $\nabla\boldsymbol{A}$ 与 $\nabla\cdot u$ 是无意义的.

有了上述准备,就可以把前边学过的公式、性质等归纳汇总成如下形式,其中 u,v 是数性函数,$\boldsymbol{A}$,$\boldsymbol{B}$ 是矢性函数.

(1) $\nabla(cu)=c\,\nabla u$；

(2) $\nabla\cdot(c\boldsymbol{A})=c\,\nabla\cdot\boldsymbol{A}$；

(3) $\nabla\times(c\boldsymbol{A})=c\,\nabla\times\boldsymbol{A}$；

(4) $\nabla(u\pm v)=\nabla u\pm\nabla v$；

(5) $\nabla\cdot(\boldsymbol{A}\pm\boldsymbol{B})=\nabla\cdot\boldsymbol{A}\pm\nabla\cdot\boldsymbol{B}$；

(6) $\nabla\times(\boldsymbol{A}\pm\boldsymbol{B})=\nabla\times\boldsymbol{A}\pm\nabla\times\boldsymbol{B}$；

(7) $\nabla\cdot(u\boldsymbol{c})=\nabla u\cdot\boldsymbol{c}$；

(8) $\nabla\times(u\boldsymbol{c})=\nabla u\times\boldsymbol{c}$；

(9) $\nabla(uv)=v\,\nabla u+u\,\nabla v$；

(10) $\nabla\cdot(u\boldsymbol{A})=\nabla u\cdot\boldsymbol{A}+u\,\nabla\cdot\boldsymbol{A}$；

(11) $\nabla\times(u\boldsymbol{A})=\nabla u\times\boldsymbol{A}+u\,\nabla\times\boldsymbol{A}$；

(12) $\nabla(\boldsymbol{A}\cdot\boldsymbol{B})=\boldsymbol{A}\times(\nabla\times\boldsymbol{B})+(\boldsymbol{A}\cdot\nabla)\boldsymbol{B}+\boldsymbol{B}\times(\nabla\times\boldsymbol{A})+(\boldsymbol{B}\cdot\nabla)\boldsymbol{A}$；

(13) $\nabla\cdot(\boldsymbol{A}\times\boldsymbol{B})=\boldsymbol{B}\cdot(\nabla\times\boldsymbol{A})-\boldsymbol{A}\cdot(\nabla\times\boldsymbol{B})$；

(14) $\nabla\times(\boldsymbol{A}\times\boldsymbol{B})=\boldsymbol{A}(\nabla\cdot\boldsymbol{B})-(\boldsymbol{A}\cdot\nabla)\boldsymbol{B}-\boldsymbol{B}(\nabla\cdot\boldsymbol{A})+(\boldsymbol{B}\cdot\nabla)\boldsymbol{A}$；

(15) $\nabla\cdot(\nabla u)=\nabla^2 u=\Delta u$；

(16) $\nabla\times(\nabla u)=\boldsymbol{0}$；

(17) $\nabla\cdot(\nabla\times\boldsymbol{A})=0$；

(18) $\nabla\times(\nabla\times\boldsymbol{A})=\nabla(\nabla\cdot\boldsymbol{A})-\Delta\boldsymbol{A}$，其中 $\Delta\boldsymbol{A}=P_x\,\boldsymbol{i}+Q_y\,\boldsymbol{j}+R_z\,\boldsymbol{k}$.

在下面的公式中，$\boldsymbol{r}=x\boldsymbol{i}+y\boldsymbol{j}+z\boldsymbol{k}$，$r=|\boldsymbol{r}|$.

(19) $\nabla r=\dfrac{\boldsymbol{r}}{r}=\boldsymbol{r}^0$；

(20) $\nabla\cdot\boldsymbol{r}=3$；

(21) $\nabla\times\boldsymbol{r}=\boldsymbol{0}$；

(22) $\nabla f(u)=f'(u)\nabla u$；

(23) $\nabla f(r)=\dfrac{f'(r)}{r}\boldsymbol{r}=f'(r)\boldsymbol{r}^0$；

(24) $\nabla\times[f(r)\boldsymbol{r}]=\boldsymbol{0}$；

(25) $\nabla\times[r^{-3}\boldsymbol{r}]=\boldsymbol{0}$；

(26) $\displaystyle\oiint_S\boldsymbol{A}\cdot\mathrm{d}\boldsymbol{S}=\iiint_\Omega(\nabla\cdot\boldsymbol{A})\mathrm{d}V$；

(27) $\displaystyle\oint_l\boldsymbol{A}\cdot\mathrm{d}\boldsymbol{l}=\iint_S(\nabla\times\boldsymbol{A})\cdot\mathrm{d}\boldsymbol{S}$.

以上公式相当于在哈密顿算子这个“筐”中把所有的公式都“装”了进去，充分说明哈密顿算子的优越性.这里只对有代表性的公式进行了推导，帮助同学们理解哈密顿算子这种简便算法.

例 3.2.1　$\nabla(uv)=v\,\nabla u+u\,\nabla v$

证　$$\nabla(uv)=\left(\boldsymbol{i}\frac{\partial}{\partial x}+\boldsymbol{j}\frac{\partial}{\partial y}+\boldsymbol{k}\frac{\partial}{\partial z}\right)(uv)=\boldsymbol{i}\frac{\partial(uv)}{\partial x}+\boldsymbol{j}\frac{\partial(uv)}{\partial y}+\boldsymbol{k}\frac{\partial(uv)}{\partial z}$$

$$=u\left(\frac{\partial v}{\partial x}\boldsymbol{i}+\frac{\partial v}{\partial y}\boldsymbol{j}+\frac{\partial v}{\partial z}\boldsymbol{k}\right)+v\left(\frac{\partial u}{\partial x}\boldsymbol{i}+\frac{\partial u}{\partial y}\boldsymbol{j}+\frac{\partial u}{\partial z}\boldsymbol{k}\right)$$

$$=u\,\nabla v+v\,\nabla u$$

算子$\nabla=\dfrac{\partial}{\partial x}\boldsymbol{i}+\dfrac{\partial}{\partial y}\boldsymbol{j}+\dfrac{\partial}{\partial z}\boldsymbol{k}$ 实际上是三个数性微分算子$\dfrac{\partial}{\partial x},\dfrac{\partial}{\partial y},\dfrac{\partial}{\partial z}$的线性组合，由

于数性微分算子符合乘积的微分法则，所以它们的线性组合也符合乘积的微分法则，即算子$\nabla=\frac{\partial}{\partial x}\boldsymbol{i}+\frac{\partial}{\partial y}\boldsymbol{j}+\frac{\partial}{\partial z}\boldsymbol{k}$也符合乘积的微分法则，即$\nabla(uv)=v\,\nabla u+u\,\nabla v$. 同理$\nabla\cdot(u\boldsymbol{A})=\nabla u\cdot\boldsymbol{A}+u\,\nabla\cdot\boldsymbol{A}$.

例 3.2.2 $\nabla\cdot(\boldsymbol{A}\times\boldsymbol{B})=\boldsymbol{B}\cdot(\nabla\times\boldsymbol{A})-\boldsymbol{A}\cdot(\nabla\times\boldsymbol{B})$.

证
$$\begin{aligned}\nabla\cdot(\boldsymbol{A}\times\boldsymbol{B})&=\nabla\cdot(\boldsymbol{A}\times\boldsymbol{B}_c)+\nabla\cdot(\boldsymbol{A}_c\times\boldsymbol{B})\\&=\boldsymbol{B}_c\cdot(\nabla\times\boldsymbol{A})+\boldsymbol{A}_c\cdot(\boldsymbol{B}\times\nabla)=\boldsymbol{B}_c\cdot(\nabla\times\boldsymbol{A})-\boldsymbol{A}_c\cdot(\nabla\times\boldsymbol{B})\\&=\boldsymbol{B}\cdot(\nabla\times\boldsymbol{A})-\boldsymbol{A}\cdot(\nabla\times\boldsymbol{B})\end{aligned}$$

其中$\boldsymbol{A}_c,\boldsymbol{B}_c$的下标表示把$\boldsymbol{A},\boldsymbol{B}$看成常矢.

例 3.2.3 $\nabla\times(\boldsymbol{A}\times\boldsymbol{B})=\boldsymbol{A}(\nabla\cdot\boldsymbol{B})-(\boldsymbol{A}\cdot\nabla)\boldsymbol{B}-\boldsymbol{B}(\nabla\cdot\boldsymbol{A})+(\boldsymbol{B}\cdot\nabla)\boldsymbol{A}$

证 $\nabla\times(\boldsymbol{A}\times\boldsymbol{B})=\nabla\times(\boldsymbol{A}_c\times\boldsymbol{B})+\nabla\times(\boldsymbol{A}\times\boldsymbol{B}_c)$

$$\nabla\times(\boldsymbol{A}_c\times\boldsymbol{B})=\boldsymbol{A}_c(\nabla\cdot\boldsymbol{B})-(\boldsymbol{A}_c\cdot\nabla)\boldsymbol{B}\quad \nabla\times(\boldsymbol{A}\times\boldsymbol{B}_c)=(\boldsymbol{B}_c\cdot\nabla)\boldsymbol{A}-\boldsymbol{B}_c(\nabla\cdot\boldsymbol{A})$$

$$\begin{aligned}\nabla\times(\boldsymbol{A}\times\boldsymbol{B})&=\nabla\times(\boldsymbol{A}_c\times\boldsymbol{B})+\nabla\times(\boldsymbol{A}\times\boldsymbol{B}_c)\\&=\boldsymbol{A}_c(\nabla\cdot\boldsymbol{B})-(\boldsymbol{A}_c\cdot\nabla)\boldsymbol{B}+(\boldsymbol{B}_c\cdot\nabla)\boldsymbol{A}-\boldsymbol{B}_c(\nabla\cdot\boldsymbol{A})\\&=\boldsymbol{A}(\nabla\cdot\boldsymbol{B})-(\boldsymbol{A}\cdot\nabla)\boldsymbol{B}+(\boldsymbol{B}\cdot\nabla)\boldsymbol{A}-\boldsymbol{B}(\nabla\cdot\boldsymbol{A})\end{aligned}$$

例 3.2.4 $\nabla\times(\nabla\times\boldsymbol{A})=\nabla(\nabla\cdot\boldsymbol{A})-\Delta\boldsymbol{A}$

证 仅证等式两边第一分量相等，即

$$\begin{aligned}[\nabla(\nabla\cdot\boldsymbol{A})-\Delta\boldsymbol{A}]_x&=\frac{\partial}{\partial x}\left(\frac{\partial A_x}{\partial x}+\frac{\partial A_y}{\partial y}+\frac{\partial A_z}{\partial z}\right)-\left(\frac{\partial^2 A_x}{\partial x^2}+\frac{\partial^2 A_y}{\partial x^2}+\frac{\partial^2 A_z}{\partial x^2}\right)\\&=\frac{\partial^2 A_y}{\partial x\partial y}+\frac{\partial^2 A_z}{\partial x\partial z}-\frac{\partial^2 A_x}{\partial^2 y}-\frac{\partial^2 A_x}{\partial z^2}\\&=\frac{\partial}{\partial y}\left(\frac{\partial A_y}{\partial x}-\frac{\partial A_x}{\partial y}\right)-\frac{\partial}{\partial z}\left(\frac{\partial A_x}{\partial z}-\frac{\partial A_z}{\partial x}\right)\\&=[\nabla\times(\nabla\times\boldsymbol{A})]_x\end{aligned}$$

同理可证其余两个分量也相等.

例 3.2.5 $\nabla\times[f(r)\boldsymbol{r}]=\boldsymbol{0}$

证
$$\begin{aligned}\nabla\times[f(r)\boldsymbol{r}]&=\nabla\times\{f(r)x,f(r)y,f(r)z\}\\&=\left\{\frac{\partial f(r)z}{\partial y}-\frac{\partial f(r)y}{\partial z},\frac{\partial f(r)x}{\partial z}-\frac{\partial f(r)z}{\partial x},\frac{\partial f(r)y}{\partial x}-\frac{\partial f(r)x}{\partial y}\right\}\\&=\left\{f'(r)\frac{yz}{r}-f'(r)\frac{yz}{r},f'(r)\frac{zx}{r}-f'(r)\frac{zx}{r},f'(r)\frac{xy}{r}-f'(r)\frac{xy}{r}\right\}\\&=\boldsymbol{0}\end{aligned}$$

下面是公式的应用.

例 3.2.6 证明$\oint_l(\boldsymbol{a}\times\boldsymbol{r})\cdot d\boldsymbol{l}=2\iint_S\boldsymbol{a}\cdot d\boldsymbol{S}$

证 在斯托克斯公式$\oint_l\boldsymbol{A}\cdot d\boldsymbol{l}=\iint_S(\nabla\times\boldsymbol{A})\cdot d\boldsymbol{S}$中，令$\boldsymbol{A}=\boldsymbol{a}\times\boldsymbol{r}$，得

$$\oint_l \boldsymbol{a}\times\boldsymbol{r}\cdot \mathrm{d}\boldsymbol{l} = \iint_S [\nabla\times(\boldsymbol{a}\times\boldsymbol{r})]\cdot \mathrm{d}\boldsymbol{S}$$

$$= \iint_S [\nabla\times(\boldsymbol{a}\times\boldsymbol{r})]\cdot \mathrm{d}\boldsymbol{S}$$

$$= \iint_S [\boldsymbol{a}(\nabla\cdot\boldsymbol{r}) - (\boldsymbol{a}\cdot\nabla)\boldsymbol{r} - \boldsymbol{r}(\nabla\cdot\boldsymbol{a}) + (\boldsymbol{r}\cdot\nabla)\boldsymbol{a}]\cdot \mathrm{d}\boldsymbol{S}$$

$$= \iint_S [3\boldsymbol{a} - \boldsymbol{a} - \boldsymbol{0} + \boldsymbol{0}]\cdot \mathrm{d}\boldsymbol{S}$$

$$= 2\iint_S \boldsymbol{a}\cdot \mathrm{d}\boldsymbol{S}$$

为进行比较,特意挑选前面的两道例题,在此再用哈密顿算子的方法进行解答.

例 3.2.7 设 $\boldsymbol{r}=x\boldsymbol{i}+y\boldsymbol{j}+z\boldsymbol{k}$,$r=|\boldsymbol{r}|$,求:

(1) 使$\nabla\cdot[f(r)\boldsymbol{r}]=0$ 的 $f(r)$;

(2) 使$\nabla\cdot[\nabla f(r)]=0$ 的 $f(r)$.

解 (1) $f(r)\boldsymbol{r}=f(r)x\boldsymbol{i}+f(r)y\boldsymbol{j}+f(r)z\boldsymbol{k}$,使

$$\nabla\cdot[f(r)\boldsymbol{r}] = \left(\frac{\partial}{\partial x}\boldsymbol{i}+\frac{\partial}{\partial y}\boldsymbol{j}+\frac{\partial}{\partial z}\boldsymbol{k}\right)\cdot[f(r)x\boldsymbol{i}+f(r)y\boldsymbol{j}+f(r)z\boldsymbol{k}]$$

$$= \frac{\partial[f(r)x]}{\partial x}+\frac{\partial[f(r)y]}{\partial y}+\frac{\partial[f(r)z]}{\partial z}$$

$$= f'(r)\frac{x^2}{r}+f(r)+f'(r)\frac{y^2}{r}+f(r)+f'(r)\frac{z^2}{r}+f(r)$$

$$= f'(r)r+3f(r)=0$$

即

$$\frac{f'(r)}{f(r)} = -3\,\frac{1}{r}$$

两边积分得

$$f(r)=\frac{C}{r^3}$$

(2) 使

$$\nabla\cdot[\nabla f(r)] = \nabla\cdot\left[f'(r)\frac{\boldsymbol{r}}{r}\right]$$

$$= \frac{\partial}{\partial x}\left[f'(r)\frac{x}{r}\right]+\frac{\partial}{\partial y}\left[f'(r)\frac{y}{r}\right]+\frac{\partial}{\partial z}\left[f'(r)\frac{z}{r}\right]$$

$$= \frac{f'(r)}{r}\nabla\cdot\boldsymbol{r}+\left[\nabla\frac{f'(r)}{r}\right]\boldsymbol{r}$$

$$= 2\frac{f'(r)}{r} + f''(r) = 0$$

解微分方程得

$$f(r) = \frac{C_1}{r} + C_2$$

例 3.2.8 点电荷 q 产生的平面静电场为

$$\boldsymbol{E} = \frac{q}{2\pi\varepsilon r^2}\boldsymbol{r} \quad (r = \sqrt{x^2 + y^2} \neq 0)$$

(1) 证明 $\boldsymbol{E}$ 是平面调和场；

(2) 求 $\boldsymbol{E}$ 的力线和等势线.

解 (1) 因为

$$\nabla\cdot \boldsymbol{E} = \frac{q}{2\pi\varepsilon}\nabla\cdot\left(\frac{\boldsymbol{r}}{r^2}\right) = \left(\frac{\partial}{\partial x}\boldsymbol{i} + \frac{\partial}{\partial y}\boldsymbol{j}\right)\cdot\left(\frac{x}{r^2}\boldsymbol{i} + \frac{y}{r^2}\boldsymbol{j}\right) = 0$$

$$\nabla\times \boldsymbol{E} = \frac{q}{2\pi\varepsilon}\nabla\times\left(\frac{\boldsymbol{r}}{r^2}\right) = \left(\frac{\partial}{\partial x}\boldsymbol{i} + \frac{\partial}{\partial y}\boldsymbol{j}\right)\times\left(\frac{x}{r^2}\boldsymbol{i} + \frac{y}{r^2}\boldsymbol{j}\right) = 0$$

故 $\boldsymbol{E}$ 是调和场.

(2) 第二问解法与前完全相同，此处省略解答过程.

总习题三

1. 在点电荷 q 所产生的静电场中，电位移矢量

$$\boldsymbol{D} = \frac{q}{4\pi r^2}\boldsymbol{r}^0, \text{其中 } \boldsymbol{r} = x\boldsymbol{i} + y\boldsymbol{j} + z\boldsymbol{k}, r = |\boldsymbol{r}|$$

求在任一点处的散度 $\nabla\cdot\boldsymbol{D}$ 和旋度 $\nabla\times\boldsymbol{D}$.

2. 证明 $\nabla\times(u\boldsymbol{A}) = u\,\nabla\times\boldsymbol{A} + \nabla u\times\boldsymbol{A}$.

3. 证明 $\nabla(\boldsymbol{A}\cdot\boldsymbol{B}) = (\boldsymbol{B}\cdot\nabla)\boldsymbol{A} + (\boldsymbol{A}\cdot\nabla)\boldsymbol{B} + \boldsymbol{B}\times(\nabla\times\boldsymbol{A}) + \boldsymbol{A}\times(\nabla\times\boldsymbol{B})$.

4. 证明 $(\boldsymbol{A}\cdot\nabla)u = \boldsymbol{A}\cdot\nabla u$.

5. 证明 $\Delta(uv) = u\,\Delta v + v\,\Delta u + 2\,\nabla u\cdot\nabla v$.

6. 设 $\boldsymbol{a},\boldsymbol{b}$ 为常矢量，$\boldsymbol{r} = x\boldsymbol{i} + y\boldsymbol{j} + z\boldsymbol{k}$，而 $r = |\boldsymbol{r}|$. 证明：

(1) $\nabla r = \boldsymbol{r}^0, \nabla\cdot\boldsymbol{r} = 3, \nabla\times\boldsymbol{r} = 0$；

(2) $\nabla\cdot\boldsymbol{r}^0 = \dfrac{2}{r}$；

(3) $\nabla(\boldsymbol{r}\cdot\boldsymbol{a}) = \boldsymbol{a}$；

(4) $\nabla\cdot\boldsymbol{b}(\boldsymbol{r}\cdot\boldsymbol{a}) = \boldsymbol{a}\cdot\boldsymbol{b}$；

(5) $\nabla\times[(\boldsymbol{r}\cdot\boldsymbol{a})\boldsymbol{b}] = \boldsymbol{a}\times\boldsymbol{b}$；

(6) $\nabla\times[f(r)\boldsymbol{r}] = 0$.

7. 条件同上题，求：

(1) $\nabla\times[f(r)\boldsymbol{a}]$；

(2) $\nabla\cdot[\boldsymbol{r}\times f(r)\boldsymbol{b}]$.

8. 设 $\boldsymbol{A}=3y\boldsymbol{i}+2z^2\boldsymbol{j}+xy\boldsymbol{k}$，$\boldsymbol{B}=x^2\boldsymbol{i}-4\boldsymbol{k}$，求 $\nabla\times(\boldsymbol{A}\times\boldsymbol{B})$.

*9. 设 S 为区域 Ω 的边界曲面，$\boldsymbol{n}$ 为 S 的向外单位法矢，f 和 g 均为 Ω 中的调和函数，证明：

(1) $\displaystyle\oiint_S f\frac{\partial f}{\partial \boldsymbol{n}}\mathrm{d}S=\iiint_\Omega|\nabla f|^2\mathrm{d}V$；

(2) $\displaystyle\oiint_S f\frac{\partial f}{\partial \boldsymbol{n}}\mathrm{d}S=\oiint_S g\frac{\partial f}{\partial \boldsymbol{n}}\mathrm{d}S$.

习题答案

总习题一

1.（1）$\boldsymbol{r}=a\cos t\boldsymbol{i}+b\sin t\boldsymbol{j}$，其图形是 xOy 平面上的椭圆.

（2）$\boldsymbol{r}=3\sin t\boldsymbol{i}+4\sin t\boldsymbol{j}+3\cos t\boldsymbol{k}$，其图形是平面 $4x-3y=0$ 与圆柱面 $x^2+z^2=3^2$ 的交线，为一椭圆.

2. 设点 M 的矢径为 $\boldsymbol{OM}=\boldsymbol{r}=x\boldsymbol{i}+y\boldsymbol{j}$，$\angle AOC=\theta$，$\boldsymbol{CM}$ 与 x 轴的夹角为 $2\theta-\pi$；因 $\boldsymbol{OM}=\boldsymbol{OC}+\boldsymbol{CM}$，有

$$\boldsymbol{r}=x\boldsymbol{i}+y\boldsymbol{j}=2a\cos\theta\boldsymbol{i}+2a\sin\theta\boldsymbol{j}+a\cos(2\theta-\pi)\boldsymbol{i}+a\sin(2\theta-\pi)\boldsymbol{j}$$

则 $x=2a\cos\theta-a\cos2\theta$，$y=2a\sin\theta-a\sin2\theta$. 故 $\boldsymbol{r}=(2a\cos\theta-a\cos2\theta)\boldsymbol{i}+(2a\sin\theta-a\sin2\theta)\boldsymbol{j}$.

3. 曲线的矢量方程为 $\boldsymbol{r}=t\boldsymbol{i}+t^2\boldsymbol{j}+\frac{2}{3}t^3\boldsymbol{k}$

则其切向矢量为

$$\frac{\mathrm{d}\boldsymbol{r}}{\mathrm{d}t}=\boldsymbol{i}+2t\boldsymbol{j}+2t^2\boldsymbol{k}$$

模为 $\left|\frac{\mathrm{d}\boldsymbol{r}}{\mathrm{d}t}\right|=\sqrt{1+4t^2+4t^4}=1+2t^2$

于是切向单位矢量为 $\frac{\mathrm{d}\boldsymbol{r}}{\mathrm{d}t}\Big/\left|\frac{\mathrm{d}\boldsymbol{r}}{\mathrm{d}t}\right|=\frac{\boldsymbol{i}+2t\boldsymbol{j}+2t^2\boldsymbol{k}}{1+2t^2}$

4. 曲线矢量方程为

$$\boldsymbol{r}=a\sin^2t\boldsymbol{i}+a\sin2t\boldsymbol{j}+a\cos t\boldsymbol{k}$$

切向矢量为

$$\boldsymbol{\tau}=\frac{\mathrm{d}\boldsymbol{r}}{\mathrm{d}t}=a\sin2t\boldsymbol{i}+2a\cos2t\boldsymbol{j}-a\sin t\boldsymbol{k}$$

在 $t=\frac{\pi}{4}$ 处，$\boldsymbol{\tau}=\left.\frac{\mathrm{d}\boldsymbol{r}}{\mathrm{d}t}\right|_{t=\frac{\pi}{4}}=a\boldsymbol{i}-a\frac{\sqrt{2}}{2}\boldsymbol{k}$

5. 由题意得点 $M(5,5,-4)$，曲线矢量方程为 $\boldsymbol{r}=(t^2+1)\boldsymbol{i}+(4t-3)\boldsymbol{j}+(2t^2-6t)\boldsymbol{k}$，在 $t=2$ 的点 M 处，切向矢量

$$\boldsymbol{\tau}=\left.\frac{\mathrm{d}\boldsymbol{r}}{\mathrm{d}t}\right|_{t=2}=[2t\boldsymbol{i}+4\boldsymbol{j}+(4t-6)\boldsymbol{k}]\big|_{t=2}=4\boldsymbol{i}+4\boldsymbol{j}+2\boldsymbol{k}$$

于是切线方程为

$$\frac{x-5}{4}=\frac{y-5}{4}=\frac{z+4}{2},即\frac{x-5}{2}=\frac{y-5}{2}=\frac{z+4}{1}$$

法平面方程为

$$2(x-5)+2(y-5)+(z+4)=0,即\ 2x+2y+z-16=0.$$

6. 曲线切向矢量为 $\boldsymbol{\tau}=\frac{\mathrm{d}\boldsymbol{r}}{\mathrm{d}t}=\boldsymbol{i}+2t\boldsymbol{j}+3t^2\boldsymbol{k}$，平面的法矢量为 $\boldsymbol{n}=\boldsymbol{i}+2\boldsymbol{j}+\boldsymbol{k}$，由题知

$$\boldsymbol{\tau}\cdot\boldsymbol{n}=(\boldsymbol{i}+2t\boldsymbol{j}+3t^2\boldsymbol{k})\cdot(\boldsymbol{i}+2\boldsymbol{j}+\boldsymbol{k})=1+4t+3t^2=0$$

得 $t=-1,-\frac{1}{3}$.

将此依次代入 $\boldsymbol{r}=t\boldsymbol{i}+t^2\boldsymbol{j}+t^3\boldsymbol{k}$，得

$$\boldsymbol{r}\big|_{t=-1}=-\boldsymbol{i}+\boldsymbol{j}-\boldsymbol{k},\quad \boldsymbol{r}\big|_{t=-\frac{1}{3}}=-\frac{1}{3}\boldsymbol{i}+\frac{1}{9}\boldsymbol{j}-\frac{1}{27}\boldsymbol{k},$$

故所求点为 $(-1,1,-1)$，$\left(-\frac{1}{3},\frac{1}{9},-\frac{1}{27}\right)$.

习题 2.1

1. (1) 场所在的空间区域是除 $Ax+By+Cz+D=0$ 外的空间. 等值面为 $\frac{1}{Ax+By+Cz+D}=C_1$，或 $Ax+By+Cz+D-\frac{1}{C_1}=0$（$C_1\neq 0$ 为任意常数），这是与平面 $Ax+By+Cz+D=0$ 平行的空间.

(2) 场所在的空间区域是除原点以外的 $z^2\leqslant x^2+y^2$ 的点所组成的空间部分. 等值面为 $z^2=(x^2+y^2)\sin^2 c$，$x^2+y^2\neq 0$，当 $\sin c\neq 0$ 时，这是顶点在坐标原点的一族圆锥面（除顶点外）.

2. 设切点为 (x_0,y_0)，等值面方程为 $xy=c=x_0y_0$，因相切，斜率为 $k=-\frac{y_0}{x_0}=-\frac{1}{2}$，即 $x_0=2y_0$，点 (x_0,y_0) 在所给直线上，有 $x_0+2y_0-4=0$，解之得 $x_0=2$，$y_0=1$，故 $xy=2$.

3. 矢量线满足的微分方程为：$\boldsymbol{A}\times\mathrm{d}\boldsymbol{r}=0$，或 $\frac{\mathrm{d}x}{xy^2}=\frac{\mathrm{d}y}{x^2y}=\frac{\mathrm{d}z}{zy^2}$，有 $x\mathrm{d}x=y\mathrm{d}y$，$\frac{\mathrm{d}x}{x}=\frac{\mathrm{d}z}{z}$，解之得

$$\begin{cases}x^2-y^2=C_1\\ z=C_2x\end{cases}$$

4. 矢量线所应满足的微分方程为

$$\frac{\mathrm{d}x}{xz}=\frac{\mathrm{d}y}{yz}=\frac{\mathrm{d}z}{-(x^2+y^2)}$$

由$\frac{\mathrm{d}x}{x}=\frac{\mathrm{d}y}{y}$解得 $y=C_1x$.

又将方程写为

$$\frac{\mathrm{d}x}{x^2z}=\frac{\mathrm{d}y}{y^2z}=\frac{\mathrm{d}z}{-(x^2+y^2)}$$

按等比定理，有

$$\frac{\mathrm{d}(x^2+y^2)}{2(x^2+y^2)z}=\frac{\mathrm{d}z}{-(x^2+y^2)}$$

由此解得

$$x^2+y^2+z^2=C_2$$

于是得到矢量线族的方程为

$$\begin{cases}y=C_1x\\x^2+y^2+z^2=C_2\end{cases}$$

这是一族以原点为圆心的同心圆.再将点 $M(2,-1,1)$的坐标代入，得出

$$C_1=-\frac{1}{2},\quad C_2=6$$

从而求得过点 $M(2,-1,1)$的矢量线方程为

$$\begin{cases}y=-\frac{1}{2}x\\x^2+y^2+z^2=6\end{cases}$$

习题 2.2

1. $\frac{\partial u}{\partial x}=\frac{x}{\sqrt{x^2+y^2+z^2}}$，$\frac{\partial u}{\partial y}=\frac{y}{\sqrt{x^2+y^2+z^2}}$，$\frac{\partial u}{\partial z}=\frac{z}{\sqrt{x^2+y^2+z^2}}$

在点 $M(1,0,1)$处有

$$\frac{\partial u}{\partial x}=\frac{1}{\sqrt{2}},\quad \frac{\partial u}{\partial y}=0,\quad \frac{\partial u}{\partial z}=\frac{1}{\sqrt{2}}$$

而 $\boldsymbol{l}$ 的方向余弦为

$$\cos\alpha=\frac{1}{3},\quad \cos\beta=\frac{2}{3},\quad \cos\gamma=\frac{2}{3}$$

于是

$$\frac{\partial u}{\partial l}=\frac{1}{\sqrt{2}}\times\frac{1}{3}+0\times\frac{2}{3}+\frac{1}{\sqrt{2}}\times\frac{2}{3}=\frac{1}{\sqrt{2}}$$

2. $\left.\frac{\partial u}{\partial x}\right|_P=2xyz|_P=4$，$\left.\frac{\partial u}{\partial y}\right|_P=x^2z|_P=1$，$\left.\frac{\partial u}{\partial z}\right|_P=x^2y|_P=2$

因为矢量 $\boldsymbol{l}$ 的方向余弦为

$$\cos\alpha=\frac{1}{\sqrt{1^2+2^2+2^2}}=\frac{1}{3},\quad \cos\beta=\frac{2}{3},\quad \cos\gamma=\frac{2}{3}$$

故得

$$\left.\frac{\partial u}{\partial \boldsymbol{l}}\right|_P=4\times\frac{1}{3}+1\times\frac{2}{3}+2\times\frac{2}{3}=\frac{10}{3}=3\frac{1}{3}$$

3．(1) 点 P 的矢径为 $\boldsymbol{r}=\boldsymbol{i}+2\boldsymbol{j}+3\boldsymbol{k}$，其模为 $|\boldsymbol{r}|=\sqrt{14}$，其方向余弦为

$$\cos\alpha=\frac{1}{\sqrt{14}},\quad \cos\beta=\frac{2}{\sqrt{14}},\quad \cos\gamma=\frac{3}{\sqrt{14}}$$

又

$$\left.\frac{\partial u}{\partial x}\right|_P=(y+z)|_P=5,\quad \left.\frac{\partial u}{\partial y}\right|_P=(x+z)|_P=4,\quad \left.\frac{\partial u}{\partial z}\right|_P=(x+y)|_P=3$$

所以

$$\left.\frac{\partial u}{\partial \boldsymbol{l}}\right|_P=\left[\frac{\partial u}{\partial x}\cos\alpha+\frac{\partial u}{\partial y}\cos\beta+\frac{\partial u}{\partial z}\cos\gamma\right]_P=5\times\frac{1}{\sqrt{14}}+4\times\frac{2}{\sqrt{14}}+3\times\frac{3}{\sqrt{14}}=\frac{22}{\sqrt{14}}$$

(2) $\mathbf{grad}u|_P=\left[\frac{\partial u}{\partial x}\boldsymbol{i}+\frac{\partial u}{\partial y}\boldsymbol{j}+\frac{\partial u}{\partial z}\boldsymbol{k}\right]_P=5\boldsymbol{i}+4\boldsymbol{j}+3\boldsymbol{k}$

$$\boldsymbol{r}^0=\frac{\boldsymbol{r}}{|\boldsymbol{r}|}=\frac{1}{\sqrt{14}}\boldsymbol{i}+\frac{2}{\sqrt{14}}\boldsymbol{j}+\frac{3}{\sqrt{14}}\boldsymbol{k}$$

故 $\left.\frac{\partial \mu}{\partial \boldsymbol{l}}\right|_P=\mathbf{grad}u|_P\cdot\boldsymbol{r}^0=5\times\frac{1}{\sqrt{14}}+4\times\frac{2}{\sqrt{14}}+3\times\frac{3}{\sqrt{14}}=\frac{22}{\sqrt{14}}$

4．设数量函数 $u(x,y,z)=5x+2y+4z-20$，则

$$\boldsymbol{n}^0=\frac{\mathbf{grad}u}{|\mathbf{grad}u|}$$

式中

$$\mathbf{grad}u=\frac{\partial u}{\partial x}\boldsymbol{i}+\frac{\partial u}{\partial y}\boldsymbol{j}+\frac{\partial u}{\partial z}\boldsymbol{k}=5\boldsymbol{i}+2\boldsymbol{j}+4\boldsymbol{k}$$

$$|\mathbf{grad}u|=\sqrt{5^2+2^2+4^2}=\sqrt{45}=3\sqrt{5}$$

故得

$$\boldsymbol{n}^0=\frac{\sqrt{5}}{3}\boldsymbol{i}+\frac{2\sqrt{5}}{15}\boldsymbol{j}+\frac{4\sqrt{5}}{15}\boldsymbol{k}$$

5．$\mathbf{grad}u=(2x+y+3)\boldsymbol{i}+(4y+x-2)\boldsymbol{j}+(6z-6)\boldsymbol{k}$

$\mathbf{grad}u|_O=3\boldsymbol{i}-2\boldsymbol{j}-6\boldsymbol{k}$，$\mathbf{grad}u|_A=6\boldsymbol{i}+3\boldsymbol{j}+0\boldsymbol{k}$

其模依次为

$$\sqrt{3^2+(-2)^2+(-6)^2}=7,\quad \sqrt{6^2+3^2+0^2}=3\sqrt{5}.$$

于是 $\mathbf{grad}u|_O$ 的方向余弦为 $\cos\alpha=\frac{3}{7}$，$\cos\beta=-\frac{2}{7}$，$\cos\gamma=-\frac{6}{7}$.

$\mathbf{grad}u|_A$ 的方向余弦为 $\cos\alpha=\dfrac{2}{\sqrt{5}},\cos\beta=\dfrac{1}{\sqrt{5}},\cos\gamma=0$.

求使 $\mathbf{grad}u=0$ 的点即求坐标满足 $\begin{cases}2x+y+3=0\\x+4y-2=0\\6z-6=0\end{cases}$ 的点，由此解得 $\begin{cases}x=-2,\\y=1,\\z=1,\end{cases}$ 故所求之点为 $(-2,1,1)$.

6. 因 $\mathbf{grad}u=\dfrac{\partial u}{\partial x}\boldsymbol{i}+\dfrac{\partial u}{\partial y}\boldsymbol{j}+\dfrac{\partial u}{\partial z}\boldsymbol{k}=6x\boldsymbol{i}+10y\boldsymbol{j}-2\boldsymbol{k}$，$\mathbf{grad}u|_M=6\boldsymbol{i}+10\boldsymbol{j}-2\boldsymbol{k}$，梯度与 z 夹角为钝角，所以沿等值面朝 Oz 轴正向一方的法线方向导数为 $\dfrac{\partial u}{\partial \boldsymbol{n}}=-|\mathbf{grad}u|=-2\sqrt{35}$

7. 由于 $\dfrac{\partial u}{\partial \boldsymbol{l}}$ 等于梯度矢量 $\mathbf{grad}u$ 在方向 $\boldsymbol{l}$ 的投影，故知 $-k\dfrac{\partial u}{\partial \boldsymbol{l}}$ 就等于 $-k\mathbf{grad}u$ 在 $\boldsymbol{l}$ 方向的投影. 若记

$$\boldsymbol{q}=-k\mathbf{grad}u$$

则热流强度为

$$-k\frac{\partial u}{\partial \boldsymbol{l}}=|\boldsymbol{q}|\cos(\boldsymbol{q},\boldsymbol{l})$$

由此可见，当 $\boldsymbol{l}$ 的方向与 $\boldsymbol{q}$ 的方向一致时，$\cos(\boldsymbol{q},\boldsymbol{l})=1$，此时热流强度 $-k\dfrac{\partial u}{\partial \boldsymbol{l}}$ 取得最大值 $|\boldsymbol{q}|$.

注 这说明在场中之任一点处，矢量 $\boldsymbol{q}$ 的方向为热流强度最大的方向，其模也正好表示最大热流强度的数值. 因此称 $\boldsymbol{q}$ 为**热流矢量**，它是传热学中的一个重要概念.

*8. 充分性：设 $u=ax+by+cz+d$，则有

$$\mathbf{grad}u=a\boldsymbol{i}+b\boldsymbol{j}+c\boldsymbol{k}\ \text{为常矢}$$

必要性：设 $\mathbf{grad}u=a\boldsymbol{i}+b\boldsymbol{j}+c\boldsymbol{k}$ 为常矢，则有

$$\frac{\partial u}{\partial x}=a,\quad \frac{\partial u}{\partial y}=b,\quad \frac{\partial u}{\partial z}=c$$

由 $\dfrac{\partial u}{\partial x}=a$ 有

$$u=ax+\varphi(y,z)$$

两端对 y 求导，注意到 $\dfrac{\partial u}{\partial y}=b$，则有 $b=\varphi'_y(y,z)$，从而

$$\varphi(y,z)=by+\psi(z)$$

于是

$$u=ax+by+\psi(z)$$

两端对 z 求导，注意到 $\frac{\partial u}{\partial z}=c$，则有 $c=\varphi'(z)$，从而

$$\psi(z)=cz+d$$

所以有

$$u=ax+by+cz+d$$

*9. 因为 $\mathbf{grad}u=\mathbf{0}$，故有$\frac{\partial u}{\partial x}=0,\frac{\partial u}{\partial y}=0,\frac{\partial u}{\partial z}=0$，由$\frac{\partial u}{\partial x}=0$，有 $u=\varphi(y,z)$. 右端的 $\varphi(y,z)$暂时是任意的. 为了确定它，将上式两端对 y 求导，并注意到$\frac{\partial u}{\partial y}=0$，即得 $\varphi'_y(y,z)=0$，从而 $\varphi(z)=C$，代入上式，就得到 $u=C$(常数).

*10. 因为函数 u 在点 M_0 处可微，故在点 M_0 处存在偏导数$\frac{\partial u}{\partial x}$，即$\lim\limits_{\Delta x\to 0}\frac{\Delta u}{\Delta x}$存在. 由于 $u(M)\leqslant u(M_0)$，有 $\Delta u=u(M)-u(M_0)\leqslant 0$. 于是在点 M_0 处，

当 $\Delta x>0$ 时，有$\frac{\Delta u}{\Delta x}\leqslant 0$，故有$\left.\frac{\partial u}{\partial x}\right|_{M_0}=\lim\limits_{\Delta x\to 0^+}\frac{\Delta u}{\Delta x}\leqslant 0$；

当 $\Delta x<0$ 时，有$\frac{\Delta u}{\Delta x}\geqslant 0$，故有$\left.\frac{\partial u}{\partial x}\right|_{M_0}=\lim\limits_{\Delta x\to 0^-}\frac{\Delta u}{\Delta x}\geqslant 0$.

于是有$\left.\frac{\partial u}{\partial x}\right|_{M_0}=0$. 同理可得$\left.\frac{\partial u}{\partial y}\right|_{M_0}=0,\left.\frac{\partial u}{\partial z}\right|_{M_0}=0$. 因此有

$$\mathbf{grad}u\,|_{M_0}=\left.\left(\frac{\partial u}{\partial x}\boldsymbol{i}+\frac{\partial u}{\partial y}\boldsymbol{j}+\frac{\partial u}{\partial z}\boldsymbol{k}\right)\right|_{M_0}=\mathbf{0}$$

习题 2.3

1. $\Phi=\iint\limits_S \boldsymbol{r}\cdot \mathrm{d}\boldsymbol{S}=\iint\limits_S r_n \mathrm{d}S=\iint\limits_S |r|\,\mathrm{d}S=a\iint\limits_S \mathrm{d}S=a\cdot 2\pi a^2=2\pi a^3$

2. $Q=\iint\limits_S (x+y+z)\mathrm{d}x\mathrm{d}y=-\iint\limits_D (x+y+x^2+y^2)\mathrm{d}x\mathrm{d}y$；其中 D 为 S 在 xOy 面上的投影区域：$x^2+y^2\leqslant h$，用极坐标计算，有

$$Q=-\iint\limits_D (r\cos\theta+r\sin\theta+r^2)r\mathrm{d}r\mathrm{d}\theta$$

$$Q=-\int_0^{2\pi}\mathrm{d}\theta\int_0^{\sqrt{h}}(r\cos\theta+r\sin\theta+r^2)r\mathrm{d}r=-\int_0^{2\pi}\left[(\cos\theta+\sin\theta)\frac{h^{\frac{3}{2}}}{3}+\frac{h^2}{4}\right]\mathrm{d}\theta=-\frac{1}{2}\pi h^2$$

3. 将 S 视为当 u 取数值 0 时数量场 $u=z-\sqrt{x^2+y^2}$ 的一张等值面. 由于矢量场 $\boldsymbol{A}$ 向下穿出 S 的方向，是 z 值减小同时也是函数 u 减小的方向. 故 S 朝此方向的单位法矢量为

$$\boldsymbol{n}^0=-\frac{\mathbf{grad}u}{|\mathbf{grad}u|}=\frac{1}{\sqrt{2}}\left(\frac{x\boldsymbol{i}}{\sqrt{x^2+y^2}}+\frac{y\boldsymbol{j}}{\sqrt{x^2+y^2}}-\boldsymbol{k}\right)$$

于是所求通量

$$\Phi=\iint_S \boldsymbol{A}\cdot\boldsymbol{n}^0\mathrm{d}S=\iint_S \frac{1}{\sqrt{2}}\left(\frac{4x^2z+y^2z}{\sqrt{x^2+y^2}}-3z\right)\mathrm{d}S=\iint_D \frac{1}{\sqrt{2}}(4x^2+y^2-3\sqrt{x^2+y^2})\mathrm{d}x\mathrm{d}y$$

换用极坐标计算,则

$$\begin{aligned}\Phi&=\iint_D(4r^2\cos^2\theta+r^2\sin^2\theta-3r)r\mathrm{d}r\mathrm{d}\theta\\&=\int_0^{2\pi}\cos^2\theta\mathrm{d}\theta\int_0^4 4r^3\mathrm{d}r+\int_0^{2\pi}\sin^2\theta\mathrm{d}\theta\int_0^4 r^3\mathrm{d}r-\int_0^{2\pi}\mathrm{d}\theta\int_0^4 3r^2\mathrm{d}r\\&=\left(\pi r^4+\frac{1}{4}\pi r^4-2\pi r^3\right)\Big|_0^4=192\pi\end{aligned}$$

4. (1) $\mathrm{div}\boldsymbol{A}=3x^2+2y+3z^2$;

(2) $\mathrm{div}\boldsymbol{A}=y^2z^2+z^2\cos y$;

(3) $\mathrm{div}\boldsymbol{A}=y\cos x-x\sin y+1$.

5. (1) $\mathrm{div}\boldsymbol{A}|_M=(3x^2+3y^2+3z^2)|_M=6$

(2) $\mathrm{div}\boldsymbol{A}|_M=(4-2x+2z)|_M=6$

(3) $\mathrm{div}\boldsymbol{A}=xyz\mathrm{div}\boldsymbol{r}+\mathbf{grad}(xyz)\boldsymbol{r}$

$$=3xyz+(yz\boldsymbol{i}+xz\boldsymbol{j}+xy\boldsymbol{k})\cdot(x\boldsymbol{i}+y\boldsymbol{j}+z\boldsymbol{k})=6xyz$$

故 $\mathrm{div}\boldsymbol{A}|_M=6xyz|_M=36$.

6. $\mathrm{div}\boldsymbol{A}=2x-2y$, $\mathbf{grad}u=y^2z^3\boldsymbol{i}+2xyz^3\boldsymbol{j}+3xy^2z^2\boldsymbol{k}$

故

$$\begin{aligned}\mathrm{div}(u\boldsymbol{A})&=u\mathrm{div}\boldsymbol{A}+\mathbf{grad}u\cdot\boldsymbol{A}\\&=xy^2z^3(2x-2y)+(y^2z^3\boldsymbol{i}+2xyz^3\boldsymbol{j}+3xy^2z^2\boldsymbol{k})\cdot(x^2\boldsymbol{i}+xz\boldsymbol{j}-2yz\boldsymbol{k})\\&=2x^2y^2z^3-2xy^3z^3+x^2y^2z^3+2x^2yz^4-6xy^3z^3\\&=3x^2y^2z^3-8xy^3z^3+2x^2yz^4\end{aligned}$$

7. $\mathrm{div}\boldsymbol{A}=\dfrac{\partial}{\partial x}(2x+3y)+\dfrac{\partial}{\partial y}(z^2-2xy)+\dfrac{\partial}{\partial z}(yz+2xz)$

$$=2-2x+y+2x=2+y=4$$

球上的通量可用高斯公式计算

$$\oiint_S \boldsymbol{A}\cdot\mathrm{d}\boldsymbol{S}=\iiint_V \mathrm{div}\boldsymbol{A}\mathrm{d}v=\iiint_V(2+y)\mathrm{d}v$$

将坐标原点移至点 M,建立新坐标系

$$x_1=x-1,\quad y_1=y-2,\quad z_1=z-3$$

然后再转换为以点 M 为中心的球坐标系,其中

$$\begin{cases}x_1=r\sin\theta\cos\varphi\\y_1=r\sin\theta\sin\varphi,\quad \mathrm{d}v=r\sin\theta\mathrm{d}r\mathrm{d}\theta\mathrm{d}\varphi\\z_1=r\cos\theta\end{cases}$$

于是

$$\iiint_V (2+y)\mathrm{d}v = \iiint_V (y_1+4)\mathrm{d}v = 4v + \int_0^{2\pi}\sin\varphi\mathrm{d}\varphi\int_0^{\pi}\sin^2\theta\mathrm{d}\theta\int_0^3 r^3\mathrm{d}r = 144\pi$$

8. (1) $\mathrm{div}(r\boldsymbol{a}) = r\mathrm{div}\boldsymbol{a} + \mathbf{grad}r\cdot\boldsymbol{a} = 0 + \frac{\boldsymbol{r}}{r}\cdot\boldsymbol{a} = \frac{\boldsymbol{r}\cdot\boldsymbol{a}}{r}$

(2) $\mathrm{div}(r^2\boldsymbol{a}) = r^2\mathrm{div}\boldsymbol{a} + \mathbf{grad}r^2\cdot\boldsymbol{a} = 0 + 2\boldsymbol{r}\cdot\boldsymbol{a} = 2\boldsymbol{r}\cdot\boldsymbol{a}$

(3) $\mathrm{div}(r^n\boldsymbol{a}) = r^n\mathrm{div}\boldsymbol{a} + \mathbf{grad}r^n\cdot\boldsymbol{a} = 0 + nr^{n-2}\boldsymbol{r}\cdot\boldsymbol{a} = nr^{n-2}\boldsymbol{r}\cdot\boldsymbol{a}$

9. $\mathrm{div}(r^n\boldsymbol{r}) = r^n\mathrm{div}\boldsymbol{r} + \mathbf{grad}r^n\cdot\boldsymbol{r} = 3r^n + nr^{n-2}\boldsymbol{r}\cdot\boldsymbol{r} = 3r^n + nr^n = (3+n)r^n$

要使 $\mathrm{div}r^n\boldsymbol{r}=0$，必有 $3+n=0$，即 $n=-3$.

*10. 由高斯公式

$$\iiint_\Omega \mathrm{div}(\mathbf{grad}u)\mathrm{d}V = \oiint_S \mathbf{grad}u\cdot\mathrm{d}\boldsymbol{S} = \oiint_S \mathbf{grad}_n u\,\mathrm{d}S = \oiint_S \frac{\partial u}{\partial \boldsymbol{n}}\mathrm{d}S = C\oiint_S \mathrm{d}S = CA$$

习题 2.4

1. 做功为

$$W = \oint_l \boldsymbol{F}\cdot\mathrm{d}\boldsymbol{l} = \oint_l -y\mathrm{d}x - z\mathrm{d}y + x\mathrm{d}z$$

$$= \int_0^{2\pi}[a^2\sin^2 t - a^2(1-\cos t)\cos t + a^2\cos t\sin t]\mathrm{d}t$$

$$= a^2\int_0^{2\pi}(1-\cos t+\cos t\sin t)\mathrm{d}t = 2\pi a^2$$

2. (1) 令 $x=R\cos\theta$，则圆周 $x^2+y^2=R^2$，$z=0$ 的方程为 l：$\begin{cases}x=R\cos\theta\\y=R\sin\theta\\z=0\end{cases}$.

于是环量为

$$\Gamma = \oint_l \boldsymbol{A}\cdot\mathrm{d}\boldsymbol{l} = \oint -y\mathrm{d}x + x\mathrm{d}y + 0\mathrm{d}z = \int_0^{2\pi}(R^2\sin^2\theta + R^2\cos\theta)\mathrm{d}\theta = 2\pi R^2$$

(2) 令 $x=2+R\cos\theta$，则圆周 $(x-2)^2+y^2=R^2$，$z=0$ 的方程为 l：$\begin{cases}x=2+R\cos\theta\\y=R\sin\theta\\z=0\end{cases}$.

于是环量为

$$\Gamma = \oint_l \boldsymbol{A}\cdot\mathrm{d}\boldsymbol{l} = \oint -y\mathrm{d}x + x\mathrm{d}y + 0\mathrm{d}z = \int_0^{2\pi}[R^2\sin^2\theta + (R\cos\theta+2)R\cos\theta]\mathrm{d}\theta$$

$$= \int_0^{2\pi}(R^2 + 2R\cos\theta)\mathrm{d}\theta = 2\pi R^2$$

3. 矢量 $\boldsymbol{l}$ 的方向余弦为 $\cos\alpha=\frac{2}{7}$，$\cos\beta=\frac{3}{7}$，$\cos\gamma=\frac{6}{7}$，故在点 M 过沿 $\boldsymbol{l}$ 方向的环量面密度为

$$\mu_l|_M=\left[\left(\frac{\partial R}{\partial y}-\frac{\partial Q}{\partial z}\right)\cos\alpha+\left(\frac{\partial P}{\partial z}-\frac{\partial R}{\partial x}\right)\cos\beta+\left(\frac{\partial Q}{\partial x}-\frac{\partial P}{\partial y}\right)\cos\gamma\right]_M$$
$$=\left[2z^2\cdot\frac{2}{7}+xy\cdot\frac{3}{7}+(-2y^2-xz)\cdot\frac{6}{7}\right]_M$$
$$=8\times\frac{2}{7}+1\times\frac{3}{7}+0\times\frac{6}{7}=\frac{19}{7}$$

4. (1) $\boldsymbol{n}^0=\dfrac{\boldsymbol{n}}{|\boldsymbol{n}|}=\dfrac{1}{3}\boldsymbol{i}+\dfrac{2}{3}\boldsymbol{j}+\dfrac{2}{3}\boldsymbol{k}$,故 $\boldsymbol{n}$ 的方向余弦为

$$\cos\alpha=\frac{1}{3},\quad \cos\beta=\frac{2}{3},\quad \cos\gamma=\frac{2}{3}$$

又 $P=x(z-y)$,$Q=y(x-z)$,$R=z(y-x)$,则环量面密度为

$$\mu_n|_M=\left[(z+y)\frac{1}{3}+(x+z)\frac{2}{3}+(x+y)\frac{2}{3}\right]_M=\frac{5}{3}+\frac{8}{3}+\frac{6}{2}=\frac{19}{3}$$

(2) $\mathbf{rot}\boldsymbol{A}|_M=[(z+y)\boldsymbol{i}+(x+z)\boldsymbol{j}+(x+y)\boldsymbol{k}]|_M=5\boldsymbol{i}+4\boldsymbol{j}+3\boldsymbol{k}$,于是

$$\mu_n|_M=\mathbf{rot}\boldsymbol{A}\cdot\boldsymbol{n}^0|_M=(5\boldsymbol{i}+4\boldsymbol{j}+3\boldsymbol{k})\cdot\left(\frac{1}{3}\boldsymbol{i}+\frac{2}{3}\boldsymbol{j}+\frac{2}{3}\boldsymbol{k}\right)=\frac{5}{3}+\frac{8}{3}+\frac{6}{3}=\frac{19}{3}$$

5. (1) $D\boldsymbol{A}=\begin{pmatrix}6xy & 3x^2 & 1\\ -z^2 & 3y^2 & -2xz\\ 2yz & 2xz & 2xy\end{pmatrix}$,故有 $\mathrm{div}\boldsymbol{A}=6xy+3y^2+2xy=(8x+3y)y$;

$\mathbf{rot}\boldsymbol{A}=4xz\boldsymbol{i}+(1-2yz)\boldsymbol{j}-(z^2+3x^2)\boldsymbol{k}$.

(2) $D\boldsymbol{A}=\begin{pmatrix}0 & z^2 & 2yz\\ 2xz & 0 & x^2\\ y^2 & 2xy & 0\end{pmatrix}$,故有 $\mathrm{div}\boldsymbol{A}=0+0+0=0$;$\mathbf{rot}\boldsymbol{A}=x(2y-x)\boldsymbol{i}+y(2z-y)\boldsymbol{j}+z(2x-z)\boldsymbol{k}$.

(3) $D\boldsymbol{A}=\begin{pmatrix}P'(x) & 0 & 0\\ 0 & Q'(y) & 0\\ 0 & 0 & R'(z)\end{pmatrix}$,故有 $\mathrm{div}\boldsymbol{A}=P'(x)+Q'(y)+R'(z)$;$\mathbf{rot}\boldsymbol{A}=0$.

6. 利用公式 $\mathbf{rot}u\boldsymbol{A}=u\,\mathbf{rot}\boldsymbol{A}+\mathbf{grad}u\times\boldsymbol{A}$,雅可比矩阵 $D\boldsymbol{A}=\begin{pmatrix}0 & 0 & 2z\\ 2x & 0 & 0\\ 0 & 2y & 0\end{pmatrix}$,所以有

$$\mathbf{rot}\boldsymbol{A}=2y\boldsymbol{i}+2z\boldsymbol{j}+2x\boldsymbol{k}$$
$$u\,\mathbf{rot}\boldsymbol{A}=\mathrm{e}^{xyz}(2y\boldsymbol{i}+2z\boldsymbol{j}+2x\boldsymbol{k})$$
$$\mathbf{grad}u=\mathrm{e}^{xyz}(yz\boldsymbol{i}+xz\boldsymbol{j}+xy\boldsymbol{k})$$
$$\mathbf{grad}u\times\boldsymbol{A}=\mathrm{e}^{xyz}\begin{vmatrix}\boldsymbol{i} & \boldsymbol{j} & \boldsymbol{k}\\ yz & xz & xy\\ z^2 & x^2 & y^2\end{vmatrix}$$
$$=\mathrm{e}^{xyz}[(xy^2z-x^3y)\boldsymbol{i}+(xyz^2-y^3z)\boldsymbol{j}+(x^2yz-xz^3)\boldsymbol{k}]$$

$$\mathbf{rot}u\boldsymbol{A}=\mathrm{e}^{xyz}[(2y+xy^2z-x^3y)\boldsymbol{i}+(2z+xyz^2-y^3z)\boldsymbol{j}+(2x+x^2yz-xz^3)\boldsymbol{k}]$$

7. $\boldsymbol{A}\times\boldsymbol{B}=\begin{vmatrix}\boldsymbol{i}&\boldsymbol{j}&\boldsymbol{k}\\3y&2z^2&xy\\x^2&0&-4\end{vmatrix}=-8z^2\boldsymbol{i}+(x^3y+12y)\boldsymbol{j}-2x^2z^2\boldsymbol{k}$

$$D(\boldsymbol{A}\times\boldsymbol{B})=\begin{pmatrix}0&0&0\\3x^2y&x^3+12&0\\-4xz^2&0&-4x^2z\end{pmatrix}$$

故有 $\mathbf{rot}(\boldsymbol{A}\times\boldsymbol{B})=0\boldsymbol{i}+(4xz^2-16z)\boldsymbol{j}+3x^2y\boldsymbol{k}=4z(xz-4)\boldsymbol{j}+3x^2y\boldsymbol{k}$.

8. 设 $C=C_1\boldsymbol{i}+C_2\boldsymbol{j}+C_3\boldsymbol{k}$,则

$$\boldsymbol{C}\times\boldsymbol{r}=(C_2z-C_3y)\boldsymbol{i}+(C_3x-C_1z)\boldsymbol{j}+(C_1y-C_2x)\boldsymbol{k}$$

$$D(\boldsymbol{C}\times\boldsymbol{r})=\begin{bmatrix}0&-C_3&C_2\\C_3&0&-C_1\\-C_2&C_1&0\end{bmatrix}$$

由此得

$$\mathrm{div}(\boldsymbol{C}\times\boldsymbol{r})=0+0+0=0$$

$$\mathbf{rot}(\boldsymbol{C}\times\boldsymbol{r})=2C_1\boldsymbol{i}+2C_2\boldsymbol{j}+2C_3\boldsymbol{k}=2\boldsymbol{C}$$

9. (1) $\mathbf{rot}\boldsymbol{r}=0\boldsymbol{i}+0\boldsymbol{j}+0\boldsymbol{k}=\boldsymbol{0}$

(2) $\mathbf{rot}[f(r)\boldsymbol{r}]=f(r)\mathbf{rot}\boldsymbol{r}+\mathbf{grad}f(r)\times\boldsymbol{r}=\boldsymbol{0}+f'(r)\dfrac{\boldsymbol{r}}{r}\times\boldsymbol{r}=\boldsymbol{0}$

(3) $\mathbf{rot}[f(r)\boldsymbol{C}]=f(r)\mathbf{rot}\boldsymbol{C}+\mathbf{grad}f(r)\times\boldsymbol{C}=\boldsymbol{0}+f'(r)\dfrac{\boldsymbol{r}}{r}\times\boldsymbol{C}=\dfrac{1}{r}f'(r)(\boldsymbol{r}\times\boldsymbol{C})$

(4) $\mathrm{div}[\boldsymbol{r}\times f(r)\boldsymbol{C}]=\mathrm{div}[f(r)\boldsymbol{r}\times\boldsymbol{C}]$

$$=\boldsymbol{C}\cdot\mathbf{rot}[f(r)\boldsymbol{r}]-f(r)\boldsymbol{r}\cdot\mathbf{rot}\boldsymbol{C}$$

$$=\boldsymbol{C}\cdot 0-f(r)\boldsymbol{r}\cdot\boldsymbol{0}=0+0=0$$

*10. 由 $\mu A=\mathbf{grad}\varphi$,有

$$\boldsymbol{A}=\frac{1}{\mu}\mathbf{grad}\varphi=\frac{\varphi_x}{\mu}\boldsymbol{i}+\frac{\varphi_y}{\mu}\boldsymbol{j}+\frac{\varphi_z}{\mu}\boldsymbol{k}$$

$$DA=\frac{1}{\mu^2}\begin{bmatrix}\mu\varphi_{xx}-\varphi_x\mu_x&\mu\varphi_{xy}-\varphi_x\mu_y&\mu\varphi_{xz}-\varphi_x\mu_z\\\mu\varphi_{yx}-\varphi_y\mu_x&\mu\varphi_{yy}-\varphi_y\mu_y&\mu\varphi_{yz}-\varphi_y\mu_z\\\mu\varphi_{zx}-\varphi_z\mu_x&\mu\varphi_{zy}-\varphi_z\mu_y&\mu\varphi_{zz}-\varphi_z\mu_z\end{bmatrix}$$

故 $\mathbf{rot}\boldsymbol{A}=\dfrac{1}{\mu^2}[(\varphi_y\mu_z-\varphi_z\mu_y)\boldsymbol{i}+(\varphi_z\mu_x-\varphi_x\mu_z)\boldsymbol{j}+(\varphi_x\mu_y-\varphi_y\mu_x)\boldsymbol{k}]$

于是有

$$\boldsymbol{A}\cdot\mathbf{rot}\boldsymbol{A}=\frac{1}{\mu^3}[\varphi_x(\varphi_y\mu_z-\varphi_z\mu_y)+\varphi_y(\varphi_z\mu_x-\varphi_x\mu_z)+\varphi_z(\varphi_x\mu_y-\varphi_y\mu_x)]=0$$

所以 $\mathbf{A}\perp\mathbf{rot}\boldsymbol{A}$.

$$^*11.\ \boldsymbol{A}\times\boldsymbol{B}=\begin{vmatrix}\boldsymbol{i} & \boldsymbol{j} & \boldsymbol{k}\\ A_1 & A_2 & A_3\\ B_1 & B_2 & B_3\end{vmatrix}=(A_2B_3-A_3B_2)\boldsymbol{i}+(A_3B_1-A_1B_3)\boldsymbol{j}+(A_1B_2-A_2B_1)\boldsymbol{k}$$

于是

$$\begin{aligned}\mathrm{div}(\boldsymbol{A}\times\boldsymbol{B}) &= \left(\frac{\partial A_2}{\partial x}B_3+A_2\frac{\partial B_3}{\partial x}\right)-\left(\frac{\partial A_3}{\partial x}B_2+A_3\frac{\partial B_2}{\partial x}\right)+\left(\frac{\partial A_3}{\partial y}B_1+A_3\frac{\partial B_1}{\partial y}\right)\\ &\quad -\left(\frac{\partial A_1}{\partial y}B_3+A_1\frac{\partial B_3}{\partial y}\right)+\left(\frac{\partial A_1}{\partial z}B_2+A_1\frac{\partial B_2}{\partial z}\right)-\left(\frac{\partial A_2}{\partial z}B_1+A_2\frac{\partial B_1}{\partial z}\right)\\ &= B_1\left(\frac{\partial A_3}{\partial y}-\frac{\partial A_2}{\partial z}\right)+B_2\left(\frac{\partial A_1}{\partial z}-\frac{\partial A_3}{\partial x}\right)+B_3\left(\frac{\partial A_2}{\partial x}-\frac{\partial A_1}{\partial y}\right)\\ &\quad -A_1\left(\frac{\partial B_3}{\partial y}-\frac{\partial B_2}{\partial z}\right)-A_2\left(\frac{\partial B_1}{\partial z}-\frac{\partial B_3}{\partial x}\right)-A_3\left(\frac{\partial B_2}{\partial x}-\frac{\partial B_1}{\partial y}\right)\\ &= \boldsymbol{B}\cdot\mathbf{rot}\boldsymbol{A}-\boldsymbol{A}\cdot\mathbf{rot}\boldsymbol{B}.\end{aligned}$$

习题 2.5

1. (1) 记 $P=y\cos xy, Q=x\cos xy, R=\sin z$.

则

$$\mathbf{rot}\boldsymbol{A}=\begin{vmatrix}\boldsymbol{i} & \boldsymbol{j} & \boldsymbol{k}\\ \dfrac{\partial}{\partial x} & \dfrac{\partial}{\partial y} & \dfrac{\partial}{\partial z}\\ P & Q & R\end{vmatrix}=0\boldsymbol{i}+0\boldsymbol{j}+[(\cos xy-xy\sin xy)-(\cos xy-xy\sin xy)]\boldsymbol{k}=\boldsymbol{0}$$

所以 $\boldsymbol{A}$ 为有势场.

下面用两种方法求势函数 v.

方法一(公式法)

$$\begin{aligned}v &= -\int_0^x P(x,0,0)\mathrm{d}x-\int_0^y Q(x,y,0)\mathrm{d}y-\int_0^z R(x,y,z)\mathrm{d}z+C_1\\ &= -\int_0^x 0\mathrm{d}x-\int_0^y x\cos xy\,\mathrm{d}y-\int_0^z \sin z\mathrm{d}z+C_1\\ &= 0-\sin xy+\cos z-1+C_1=\cos z-\sin xy+C\end{aligned}$$

方法二(不定积分法)

因势函数 v 满足 $\boldsymbol{A}=-\mathbf{grad}v$,即有

$$v_x=-y\cos xy,\quad v_y=-x\cos xy,\quad v_z=-\sin z$$

将第一个方程对 x 积分,得 $v=-\sin xy+\varphi(y,z)$. 对 y 求导,得 $v_y=-x\cos xy+\varphi'_y(y,z)$,与第二个方程比较,知 $\varphi'_y(y,z)=0$,于是 $\varphi(y,z)=\psi(z)$,从而 $v=-\sin xy+\psi(z)$. 再对 z 求导,得 $v_z=\psi'(z)$,与第三个方程比较,知 $\psi'(z)=-\sin z$,故 $\psi(z)=\cos z+C$ 所以 $v=\cos z-\sin xy+C$.

(2) 记 $P=2x\cos y-y^2\sin x, Q=2y\cos x-x^2\sin y, R=0$,则

$$\mathbf{rot}\boldsymbol{A}=\begin{vmatrix}\boldsymbol{i} & \boldsymbol{j} & \boldsymbol{k}\\ \dfrac{\partial}{\partial x} & \dfrac{\partial}{\partial y} & \dfrac{\partial}{\partial z}\\ P & Q & R\end{vmatrix}$$

$$=0\boldsymbol{i}+0\boldsymbol{j}+[(-2y\sin x-2x\sin y)-(-2x\sin y-2y\sin x)]\boldsymbol{k}=\mathbf{0}$$

所以 $\boldsymbol{A}$ 为有势场.

下面用两种方法求势函数 v.

方法一(公式法)

$$v=-\int_0^x P(x,0,0)\mathrm{d}x-\int_0^y Q(x,y,0)\mathrm{d}y-\int_0^z R(x,y,z)\mathrm{d}z+C$$

$$=-\int_0^x 2x\mathrm{d}x-\int_0^y(2y\cos x-x^2\sin y)\mathrm{d}y-\int_0^z 0\mathrm{d}z+C$$

$$=-x^2-y^2\cos x-x^2\cos y+x^2+C=-y^2\cos x-x^2\cos y+C$$

方法二(不定积分法)

因势函数 v 满足 $\boldsymbol{A}=-\mathbf{grad}v$,即有

$$v_x=-2x\cos y+y^2\sin x,\quad v_y=-2y\cos x+x^2\sin y,\quad v_z=0$$

将第一个方程对 x 积分,得 $v=-x^2\cos y-y^2\cos x+\varphi(y,z)$. 对 y 求导,得 $v_y=x^2\sin y-2y\cos x+\varphi'_y(y,z)$,与第二个方程比较,知 $\varphi'_y(y,z)=0$,于是 $\varphi(y,z)=\psi(z)$,从而 $v=-x^2\cos y-y^2\cos x+\varphi(z)$. 再对 z 求导,得 $v_z=\psi'(z)$,与第三个方程比较,知 $\psi'(z)=0$,故 $\psi(z)=C$. 所以 $v=-x^2\cos y-y^2\cos x+C$.

2. (1) $D\boldsymbol{A}=\begin{pmatrix}6y & 6x & 3z^2\\ 6x & 0 & -1\\ 3z^2 & -1 & 6xz\end{pmatrix}$,有

$$\mathbf{rot}\boldsymbol{A}=[(-1)-(-1)]\boldsymbol{i}+(3z^2-3z^2)\boldsymbol{j}+(6x-6x)\boldsymbol{k}=\mathbf{0}$$

故 $\boldsymbol{A}$ 为保守场. 因此,存在 $\boldsymbol{A}\cdot\mathrm{d}\boldsymbol{l}$ 的原函数 u. 由公式

$$u=\int_0^x P(x,0,0)\mathrm{d}x+\int_0^y Q(x,y,0)\mathrm{d}y+\int_0^z R(x,y,z)\mathrm{d}z$$

$$=\int_0^x 0\mathrm{d}x+\int_0^y 3x^2\mathrm{d}y+\int_0^z(3xz^2-y)\mathrm{d}z=3x^2y+xz^3-yz$$

于是 $\int_l \boldsymbol{A}\mathrm{d}\boldsymbol{l}=(3x^2y+xz^3-yz)\Big|_{A(4,0,1)}^{B(2,1,-1)}=7$.

(2) $D\boldsymbol{A}=\begin{pmatrix}2z & 0 & 2x\\ 0 & 2z^2 & 4yz\\ 2x & 4yz & 2y^2\end{pmatrix}$ 有

$$\mathbf{rot}\boldsymbol{A}=(4yz-4yz)\boldsymbol{i}+(2x-2x)\boldsymbol{j}+0\boldsymbol{k}=\mathbf{0}$$

故 $\boldsymbol{A}$ 为保守场. 因此，存在 $\boldsymbol{A}\cdot \mathrm{d}\boldsymbol{l}$ 的原函数 u. 由公式

$$u=-\int_0^x P(x,0,0)\mathrm{d}x-\int_0^y Q(x,y,0)\mathrm{d}y-\int_0^z R(x,y,z)\mathrm{d}z+C$$

$$=\int_0^x 0\mathrm{d}x+\int_0^y 0\mathrm{d}y+\int_0^z (x^2+2y^2z-1)\mathrm{d}z=x^2z+y^2z^2-z$$

于是 $\int_l \boldsymbol{A}\mathrm{d}\boldsymbol{l}=(x^2z+y^2z^2-z)\Big|_{A(3,0,1)}^{B(5,-1,3)}=73.$

3. 由公式

$$u=\int_0^x P(x,0,0)\mathrm{d}x+\int_0^y Q(x,y,0)\mathrm{d}y+\int_0^z R(x,y,z)\mathrm{d}z+C$$

(1) $u=\int_0^x x^2\mathrm{d}x+\int_0^y y^2\mathrm{d}y+\int_0^z (z^2-2xy)\mathrm{d}z+C$

$$=\frac{1}{3}x^3+\frac{1}{3}y^3+\frac{1}{3}z^3-2xyz+C=\frac{1}{3}(x^3+y^3+z^3)-2xyz+C$$

(2) $u=\int_0^x 3x^2\mathrm{d}x+\int_0^y (6x^2y+4y^3)\mathrm{d}y+C=x^3+3x^2y^2+y^4+C$

4. (1) $\mathrm{div}\boldsymbol{A}=(4x+8y^2z)+(3x^3-3x)-(8y^2z+2x^3)=x^3+x\neq 0$，故 $\boldsymbol{A}$ 不是管形场.

(2) $\mathrm{div}xyz^2\boldsymbol{A}=xyz^2\mathrm{div}\boldsymbol{A}+\mathbf{grad}(xyz^2)\cdot\boldsymbol{A}=x^4yz^2+x^2yz^2+(2x^2yz^2+8xy^3z^3+3x^4yz^2-3x^2yz^2-8xy^3z^3-4x^4yz^2)=0$，故 $\boldsymbol{B}=xyz^2\boldsymbol{A}$ 是管形场.

5. 由条件有 $\mathbf{rot}\boldsymbol{B}=\boldsymbol{A}$，于是有

$$\mathbf{rot}(\boldsymbol{B}+\mathbf{grad}\varphi)=\mathbf{rot}\boldsymbol{B}+\mathbf{rot}(\mathbf{grad}\varphi)=\boldsymbol{A}+\mathbf{0}=\boldsymbol{A}$$

所以 $\boldsymbol{B}+\mathbf{grad}\varphi$ 亦为矢量场 $\boldsymbol{A}$ 的矢势量.

习题 2.6

1. 由题 1 图中 $\varphi(x)=\frac{1}{\sqrt{2\pi}}\mathrm{e}^{-\frac{x^2}{2}}$ 的图形可知，$\varphi(x)$ 的等值点就是以原点为中心的任意一个对称区间的两个端点，即 $x=\pm c$ (c 为任意实数).

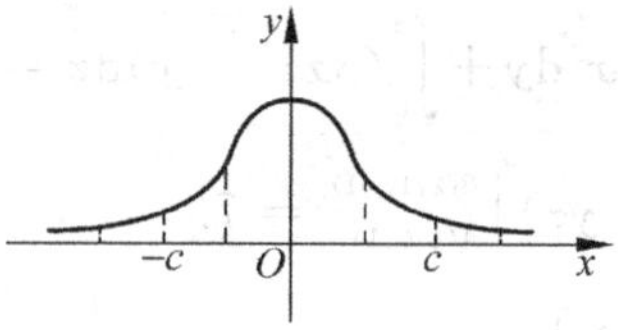

题 1 图

2. (1) 如题 2(1)图所示

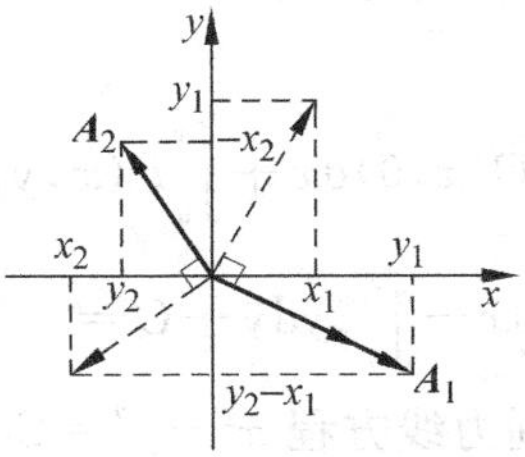

题 2(1)图

(2) $\boldsymbol{A}$ 的矢量线方程满足

$$\frac{\mathrm{d}x}{\frac{y}{\sqrt{x^2+y^2}}}=\frac{\mathrm{d}y}{\frac{-x}{\sqrt{x^2+y^2}}}$$

解得

$$\frac{-x\mathrm{d}x}{\sqrt{x^2+y^2}}=\frac{y\mathrm{d}y}{\sqrt{x^2+y^2}}$$

即 $2\sqrt{x^2+y^2}=C'$,整理得 $x^2+y^2=C$(C 为任意实数).

3. 如题 3 图所示.

$$\mathbf{grad}u\,|_{M_1}=\{x,-y\}\,|_{M_1}=\{2,-\sqrt{2}\}$$

$$\mathbf{grad}u\,|_{M_2}=\{x,-y\}\,|_{M_2}=\{3,-\sqrt{7}\}$$

$u=0$ 的等值线 $\qquad\qquad u=1$ 的等值线 $\qquad\qquad u=2$ 的等值线

$\begin{cases} x=0 \\ y=0 \end{cases}$ 即原点 $\qquad\quad x^2-y^2=2 \qquad\qquad\qquad x^2-y^2=4$

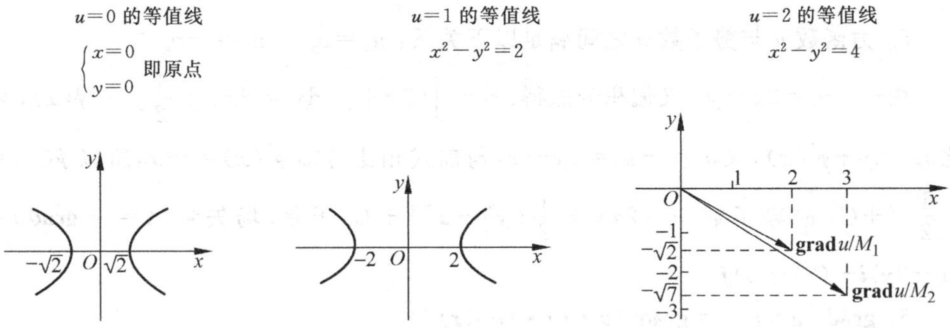

题 3 图

4. 记 $P=-2y,Q=-2x$,则有 $\mathrm{div}\boldsymbol{A}=\frac{\partial P}{\partial x}+\frac{\partial Q}{\partial y}=0+0=0$,$\mathbf{rot}\boldsymbol{A}=\left(\frac{\partial Q}{\partial x}-\frac{\partial P}{\partial y}\right)\boldsymbol{k}=0$,故 $\boldsymbol{A}$ 为平面调和场.

(1) 由公式,并取其中$(x_0,y_0)=(0,0)$,则势函数

$$v=-\int_0^x P(x,0)\mathrm{d}x-\int_0^y Q(x,y)\mathrm{d}y+C$$

$$=-\int_0^x 0\mathrm{d}x+\int_0^y 2x\mathrm{d}y+C=2xy+C$$

力函数

$$u=\int_0^x -Q(x,0)\mathrm{d}x+\int_0^y P(x,y)\mathrm{d}y+C_0$$

$$=\int_0^x 2x\mathrm{d}x-\int_0^y 2y\mathrm{d}y+C=x^2-y^2+C_0$$

分别令 u 与 v 等于常数,就得到力线方程 $x^2-y^2=C_1$,等势线方程为 $xy=C_2$ 二者均为双曲线族,但对称轴相差$\frac{\pi}{4}$.如题 4(2)图所示.

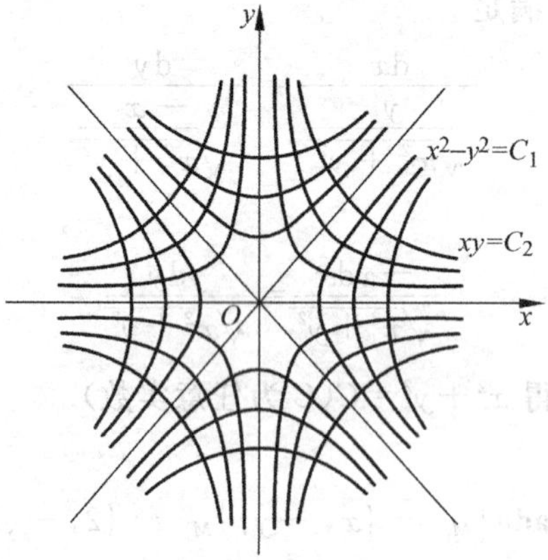

题 4(2)图

5. 力函数 u 与势函数 v 之间满足以下关系:$u_x=v_y$, $u_y=-v_x$

由$v_y=u_x=2x+y$,又偏积分法得:$v=\int(2x+y)\mathrm{d}y=2xy+\frac{1}{2}y^2+\phi(x)$,由此$v_x=2y+\phi'(x)$,又$v_x=-u_y=2y-x$,与前式相比可知 $\phi'(x)=-x$,所以 $\phi(x)=-\frac{1}{2}x^2+C$,故势函数 $v=2xy+\frac{1}{2}(y^2-x^2)+C$.于是,场矢量 $\mathbf{A}=-\mathbf{grad}v=(x-2y)\boldsymbol{i}-(2x+y)\boldsymbol{j}$.

6. $\mathbf{grad}\,|\boldsymbol{a}\times\boldsymbol{r}|^2=\mathbf{grad}[(\boldsymbol{a}\times\boldsymbol{r})\cdot(\boldsymbol{a}\times\boldsymbol{r})]$

$$=\mathbf{grad}[(\boldsymbol{a}\cdot\boldsymbol{a})\cdot(\boldsymbol{r}\cdot\boldsymbol{r})-(\boldsymbol{a}\cdot\boldsymbol{r})^2]$$

$$=\mathbf{grad}[(\boldsymbol{a}\times\boldsymbol{a})r^2-(\boldsymbol{a}\cdot\boldsymbol{r})^2]$$

$$=(\boldsymbol{a}\cdot\boldsymbol{a})\mathbf{grad}r^2-2(\boldsymbol{a}\cdot\boldsymbol{r})\mathbf{grad}(\boldsymbol{a}\cdot\boldsymbol{r})$$

$$=2(\boldsymbol{a}\cdot\boldsymbol{a})\boldsymbol{r}-2(\boldsymbol{a}\cdot\boldsymbol{r})\boldsymbol{a}=2[(\boldsymbol{a}\cdot\boldsymbol{a})\boldsymbol{r}-(\boldsymbol{a}\cdot\boldsymbol{r})\boldsymbol{a}]$$

7. $\mathrm{div}\boldsymbol{r}(\boldsymbol{r}\cdot\boldsymbol{a})=\mathrm{div}\{x(a_1x+a_2y),y(a_1x+a_2y)\}$

$$=4a_1x+4a_2y=4\boldsymbol{a}\cdot\boldsymbol{r}$$

8. (1) 令 $\begin{cases} x=a\cos\theta \\ y=b\sin\theta \end{cases}$ $(0\leqslant\theta\leqslant 2\pi)$，则

$$\Phi = \int_l P\,\mathrm{d}y - Q\mathrm{d}x = \int_0^{2\pi}[-b\sin\theta\,\mathrm{d}(b\sin\theta) - a\sin\theta\,\mathrm{d}(a\sin\theta)]$$

$$= \int_0^{2\pi}[-(a^2+b^2)\sin\theta\cos\theta]\mathrm{d}\theta = \frac{a^2+b^2}{4}\int_0^{2\pi}\sin2\theta\,\mathrm{d}2\theta$$

$$= \frac{a^2+b^2}{4}\int_0^{2\pi} -\sin2\theta\,\mathrm{d}(2\theta) = \frac{a^2+b^2}{4}\cos2\theta\Big|_0^{2\pi} = 0$$

(2) 令 $\begin{cases} x=a\cos\theta \\ y=b\sin\theta \end{cases}$ $(0\leqslant\theta\leqslant 2\pi)$，

则

$$\Gamma = \oint_l \boldsymbol{A}\cdot\mathrm{d}\boldsymbol{l} = \oint_l -y\mathrm{d}x + x\mathrm{d}y = \int_0^{2\pi} -b\sin\theta\,\mathrm{d}(a\cos\theta) + a\cos\theta\,\mathrm{d}(b\sin\theta)$$

$$= \int_0^{2\pi} ab(\sin^2\theta + \cos^2\theta)\mathrm{d}\theta = 2\pi ab$$

若 $a=b$，则此矢量场沿圆 $x^2+y^2=a^2$ 的环量 $\Gamma=2\pi a^2$，又由于相应的圆面积为

$$S = \pi a^2$$

故平均的方向旋量为

$$\frac{\Gamma}{S} = 2$$

总习题二

1. 矢量场 $\boldsymbol{A}(\boldsymbol{r})$ 的矢量线的微分方程为

$$\frac{\mathrm{d}x}{x} = \frac{\mathrm{d}y}{y} = \frac{\mathrm{d}z}{z}$$

对其左右两边积分得

$$\begin{cases} \ln x + C_1 = \ln y + C_2 \\ \ln y + C_3 = \ln z + C_4 \end{cases}$$

即为

$$\begin{cases} x = k_1 y \\ y = k_2 z \end{cases} (k_1, k_2 \text{ 为常数})$$

它们分别表示过 z 轴的一族平面及过 x 轴的一族平面，两族平面的交线为从原点发出的射线族即为其矢量线.

2. $\mathbf{grad}v = \mathbf{grad}\,\dfrac{q}{4\pi\varepsilon r} = -\dfrac{q}{4\pi\varepsilon r^2}\mathbf{grad}r.$

因为 $\mathbf{grad}r=\frac{\boldsymbol{r}}{r}$，所以 $\mathbf{grad}v=-\frac{q}{4\pi\varepsilon r^3}\boldsymbol{r}$.

由于电场强度 $E=\frac{q}{4\pi\varepsilon r^3}\boldsymbol{r}$ 故有

$$E=-\mathbf{grad}v$$

此式说明：电场中的电场强度等于电位的负梯度.从而可知，电场强度垂直于等位面，且指向电位 v 减小的一方.

3. $\mathrm{d}\boldsymbol{A}=\mathrm{d}P\boldsymbol{i}+\mathrm{d}Q\boldsymbol{j}+\mathrm{d}R\boldsymbol{k}$

其中

$$\mathrm{d}P=\frac{\partial P}{\partial x}\mathrm{d}x+\frac{\partial P}{\partial y}\mathrm{d}y+\frac{\partial P}{\partial z}\mathrm{d}z=\mathbf{grad}P\cdot\mathrm{d}\boldsymbol{r}$$

同理

$$\mathrm{d}Q=\mathbf{grad}Q\cdot\mathrm{d}\boldsymbol{r},\quad \mathrm{d}R=\mathbf{grad}R\cdot\mathrm{d}\boldsymbol{r}$$

所以有

$$\mathrm{d}\boldsymbol{A}=(\mathbf{grad}P\cdot\mathrm{d}\boldsymbol{r})\boldsymbol{i}+(\mathbf{grad}Q\cdot\mathrm{d}\boldsymbol{r})\boldsymbol{j}+(\mathbf{grad}R\cdot\mathrm{d}\boldsymbol{r})\boldsymbol{k}$$

4. 由于矢量 $\boldsymbol{E}$ 的方向在球面上处处与球面法向量 $\boldsymbol{n}$ 一致，所以 $\boldsymbol{r}\cdot\mathrm{d}\boldsymbol{s}=r\mathrm{d}\boldsymbol{S}$

于是 $\Phi=\oiint_S k\frac{q}{r^2}\mathrm{d}S$；在球面上 r 为常量，移至积分号外，得

$$\Phi=k\frac{q}{r^2}\oiint_S\mathrm{d}S=4\pi kq$$

5. (1) $\Phi=\oiint_S\boldsymbol{A}\cdot\mathrm{d}\boldsymbol{S}=\iiint_\Omega\mathrm{div}\boldsymbol{A}\mathrm{d}V=\iiint_\Omega 3(x^2+y^2+z^2)\mathrm{d}V$

其中 Ω 为 S 所围的球域 $x^2+y^2+z^2\leqslant a^2$，用极坐标 $\begin{cases}x=r\sin\theta\cos\varphi\\y=r\sin\theta\sin\varphi\\z=r\cos\theta\end{cases}$ 计算，有

$$\Phi=3\iiint_\Omega r^2\cdot r^2\sin\theta\,\mathrm{d}r\mathrm{d}\theta\mathrm{d}\varphi=3\int_0^{2\pi}\mathrm{d}\varphi\int_0^{\pi}\sin\theta\,\mathrm{d}\theta\int_0^a r^4\,\mathrm{d}r=\frac{12}{5}\pi a^5$$

(2) $\Phi=\oiint_S\boldsymbol{A}\cdot\mathrm{d}\boldsymbol{S}=\iiint_\Omega\mathrm{div}\boldsymbol{A}\mathrm{d}V=\iiint_\Omega 3\mathrm{d}V=3\times\frac{4}{3}\pi abc=4\pi abc$

6. $\mathrm{div}\boldsymbol{H}=\frac{\partial}{\partial x}\left(-\frac{Iy}{2\pi r^2}\right)+\frac{\partial}{\partial y}\left(\frac{Ix}{2\pi r^2}\right)=0(r\neq 0)$

7. 由电学可知 $\boldsymbol{D}=\frac{q}{4\pi r^3}\boldsymbol{r}$，其中 $\boldsymbol{r}=x\boldsymbol{i}+y\boldsymbol{j}+z\boldsymbol{k}$，$r=|\boldsymbol{r}|$. 有

$$\mathbf{rot}\boldsymbol{D}=\mathbf{rot}\left(\frac{q}{4\pi r^3}\boldsymbol{r}\right)=\mathbf{0}$$

8. 因

$$\mathbf{grad}u \times \boldsymbol{A} = \begin{vmatrix} \boldsymbol{i} & \boldsymbol{j} & \boldsymbol{k} \\ \dfrac{\partial}{\partial x} & \dfrac{\partial}{\partial y} & \dfrac{\partial}{\partial z} \\ x^2 & xy^2 & 0 \end{vmatrix} = y^2 \boldsymbol{k}$$

又

$$\mathrm{d}\boldsymbol{S} = \mathrm{d}S\boldsymbol{k}$$

由斯托克斯定理有

$$\oint_C \boldsymbol{A} \cdot \mathrm{d}\boldsymbol{l} = \int_0^a \left(\int_0^{\frac{\pi}{2}} \sin^2\varphi \mathrm{d}\varphi\right)\rho^3 \mathrm{d}\rho$$

式中

$$\int_0^{\frac{\pi}{2}} \sin^2\varphi \mathrm{d}\varphi = \int_0^{\frac{\pi}{2}} \left(\frac{1-\cos 2\varphi}{2}\right)\mathrm{d}\varphi = \frac{\pi}{4}$$

所以

$$\oint_C \boldsymbol{A} \cdot \mathrm{d}\boldsymbol{l} = \frac{\pi}{4}\int_0^a \rho^3 \mathrm{d}\rho = \frac{\pi a^4}{16}$$

9.（1）由于 $\mathrm{div}(x\boldsymbol{i}+y\boldsymbol{j}+z\boldsymbol{k})=3\neq 0$，故 $x\boldsymbol{i}+y\boldsymbol{j}+z\boldsymbol{k}$ 不是管形场. 从而不存在矢量场 $\boldsymbol{B}$(即矢势量)使 $\mathbf{rot}\boldsymbol{B}=x\boldsymbol{i}+y\boldsymbol{j}+z\boldsymbol{k}$.

（2）由于 $\mathrm{div}(y^2\boldsymbol{i}+z^2\boldsymbol{j}+x^2\boldsymbol{k})=0$，故 $y^2\boldsymbol{i}+z^2\boldsymbol{j}+x^2\boldsymbol{k}$ 为管形场，从而存在满足 $\mathbf{rot}\boldsymbol{B}=y^2\boldsymbol{i}+z^2\boldsymbol{j}+x^2\boldsymbol{k}$ 的矢量场 $\boldsymbol{B}$(即矢势量). 设 $\boldsymbol{B}=U\boldsymbol{i}+V\boldsymbol{j}+W\boldsymbol{k}$，其中

$$U = \int_{z_0}^{z} z^2 \mathrm{d}z - \int_{y_0}^{y} x^2 \mathrm{d}y = \frac{1}{3}(z^3 - z_0^3) - x^2(y-y_0)$$

$$V = -\int_{z_0}^{z} y^2 \mathrm{d}z = -y^2(z-z_0)$$

$$W = C$$

即 $\boldsymbol{B}=\left[\frac{1}{3}(z^3-z_0^3)-x^2(y-y_0)\right]\boldsymbol{i}-y^2(z-z_0)\boldsymbol{j}+C\boldsymbol{k}$，其中 (x_0, y_0, z_0) 为场中任一点，C 为任意常数.

10. 由所给条件有 $\mathrm{div}(\mathbf{grad}u)=\mathbf{0}$，又根据旋度运算的基本公式，有 $\mathbf{rot}(\mathbf{grad}\varphi)=\mathbf{0}$，所以梯度场 $\mathbf{grad}\varphi$ 为调和场.

总习题三

1. $$\nabla \cdot \boldsymbol{D} = \frac{q}{4\pi}\left[\frac{\partial\left(\frac{x}{r^3}\right)}{\partial x} + \frac{\partial\left(\frac{y}{r^3}\right)}{\partial x} + \frac{\partial\left(\frac{z}{r^3}\right)}{\partial x}\right]$$

$$= \frac{q}{4\pi}\left(\frac{r^3-3rx^2}{r^6} + \frac{r^3-3rx^2}{r^6} + \frac{r^3-3rx^2}{r^6}\right)$$

$$= \frac{q}{4\pi}\left[\frac{3r^3-3r(x^2+y^2+z^2)}{r^6}\right] = \frac{q}{4\pi}\left(\frac{3r^3-3rr^2}{r^6}\right) = 0$$

$$\nabla\times \boldsymbol{D}=\frac{q}{4\pi}\begin{vmatrix}\boldsymbol{i} & \boldsymbol{j} & \boldsymbol{k}\\ \frac{\partial}{\partial x} & \frac{\partial}{\partial y} & \frac{\partial}{\partial z}\\ \frac{x}{r^3} & \frac{y}{r^3} & \frac{z}{r^3}\end{vmatrix}$$

$$=\frac{q}{4\pi}\left\{\left[\frac{\partial}{\partial y}\left(\frac{z}{r^3}\right)-\frac{\partial}{\partial z}\left(\frac{y}{r^3}\right)\right]\boldsymbol{i}-\left[\frac{\partial}{\partial x}\left(\frac{z}{r^3}\right)-\frac{\partial}{\partial z}\left(\frac{x}{r^3}\right)\right]\boldsymbol{j}+\left[\frac{\partial}{\partial x}\left(\frac{z}{r^3}\right)-\frac{\partial}{\partial z}\left(\frac{x}{r^3}\right)\right]\boldsymbol{k}\right\}$$

$$=0$$

此矢量场 $\boldsymbol{D}$ 为调和场

2. 因为

$$\nabla\times(u\boldsymbol{A})=\nabla\times(ua_x\boldsymbol{i}+ua_y\boldsymbol{j}+ua_z\boldsymbol{k})=\begin{vmatrix}\boldsymbol{i} & \boldsymbol{j} & \boldsymbol{k}\\ \frac{\partial}{\partial x} & \frac{\partial}{\partial y} & \frac{\partial}{\partial z}\\ ua_x & ua_y & ua_z\end{vmatrix}$$

$$=\begin{vmatrix}\frac{\partial}{\partial y} & \frac{\partial}{\partial z}\\ ua_y & ua_z\end{vmatrix}\boldsymbol{i}-\begin{vmatrix}\frac{\partial}{\partial x} & \frac{\partial}{\partial z}\\ ua_x & ua_z\end{vmatrix}\boldsymbol{j}+\begin{vmatrix}\frac{\partial}{\partial x} & \frac{\partial}{\partial y}\\ ua_x & ua_y\end{vmatrix}\boldsymbol{k}$$

$$=a_z\frac{\partial u}{\partial y}\boldsymbol{i}-a_x\frac{\partial u}{\partial z}\boldsymbol{i}-a_z\frac{\partial u}{\partial x}\boldsymbol{j}+a_x\frac{\partial u}{\partial z}\boldsymbol{j}+a_y\frac{\partial u}{\partial x}\boldsymbol{k}-a_x\frac{\partial u}{\partial y}\boldsymbol{k}$$

$$+u\frac{\partial a_y}{\partial y}\boldsymbol{i}-u\frac{\partial a_x}{\partial z}\boldsymbol{i}-u\frac{\partial a_z}{\partial x}\boldsymbol{j}+u\frac{\partial a_x}{\partial z}\boldsymbol{j}+u\frac{\partial a_y}{\partial x}\boldsymbol{k}-u\frac{\partial a_x}{\partial y}\boldsymbol{k}$$

$$=\left(\frac{\partial u}{\partial y}a_z-\frac{\partial u}{\partial z}a_y\right)\boldsymbol{i}-\left(\frac{\partial u}{\partial x}a_z-\frac{\partial u}{\partial z}a_x\right)\boldsymbol{j}+\left(\frac{\partial u}{\partial x}a_y-\frac{\partial u}{\partial y}a_x\right)\boldsymbol{k}$$

$$+u\left\{\left(\frac{\partial a_y}{\partial y}-\frac{\partial a_x}{\partial z}\right)\boldsymbol{i}-\left(\frac{\partial a_z}{\partial x}-\frac{\partial a_x}{\partial z}\right)\boldsymbol{j}+\left(\frac{\partial a_y}{\partial x}-\frac{\partial a_x}{\partial y}\right)\boldsymbol{k}\right\}$$

$$=\boldsymbol{A}\times\nabla u+u\nabla\times\boldsymbol{A}$$

3. 因为

$$(\boldsymbol{A}\cdot\nabla)\boldsymbol{B}=\left(A_x\frac{\partial}{\partial x}+A_y\frac{\partial}{\partial y}+A_z\frac{\partial}{\partial z}\right)(B_x\boldsymbol{i}+B_y\boldsymbol{j}+B_z\boldsymbol{k})$$

$$(\boldsymbol{B}\cdot\nabla)\boldsymbol{A}=\left(B_x\frac{\partial}{\partial x}+B_y\frac{\partial}{\partial y}+B_z\frac{\partial}{\partial z}\right)(A_x\boldsymbol{i}+A_y\boldsymbol{j}+A_z\boldsymbol{k})$$

又 $\boldsymbol{A}\times(\nabla\times\boldsymbol{B})$

$$=\{A_x,A_y,A_z\}\times\left\{\frac{\partial B_z}{\partial y}-\frac{\partial B_y}{\partial z},\frac{\partial B_x}{\partial z}-\frac{\partial B_z}{\partial x},\frac{\partial B_y}{\partial x}-\frac{\partial B_x}{\partial y}\right\}$$

$$=\left\{A_y\frac{\partial B_y}{\partial x}-A_y\frac{\partial B_x}{\partial y}-A_z\frac{\partial B_x}{\partial z}+A_z\frac{\partial B_z}{\partial x},A_z\frac{\partial B_z}{\partial y}-A_z\frac{\partial B_y}{\partial z}-A_x\frac{\partial B_y}{\partial x}+A_x\frac{\partial B_x}{\partial y},\right.$$

$$\left.A_x\frac{\partial B_x}{\partial z}-A_x\frac{\partial B_z}{\partial x}-A_y\frac{\partial B_z}{\partial y}+A_y\frac{\partial B_y}{\partial z}\right\}$$

$$\boldsymbol{B}\times(\nabla\times\boldsymbol{A})$$

$$=\{B_x,B_y,B_z\}\times\left\{\frac{\partial A_z}{\partial y}-\frac{\partial A_y}{\partial z},\frac{\partial A_x}{\partial z}-\frac{\partial A_z}{\partial x},\frac{\partial A_y}{\partial x}-\frac{\partial A_x}{\partial y}\right\}$$

$$=\left\{B_y\frac{\partial A_y}{\partial x}-B_y\frac{\partial A_x}{\partial y}-B_z\frac{\partial A_x}{\partial z}+B_z\frac{\partial A_z}{\partial x},B_z\frac{\partial A_z}{\partial y}-B_z\frac{\partial A_y}{\partial z}-B_x\frac{\partial A_y}{\partial x}+B_x\frac{\partial A_x}{\partial y},\right.$$

$$\left.B_x\frac{\partial A_x}{\partial z}-B_x\frac{\partial A_z}{\partial x}-B_y\frac{\partial A_z}{\partial y}+B_y\frac{\partial A_y}{\partial z}\right\}$$

故

$$\text{右边}=\left\{A_x\frac{\partial B_x}{\partial x}+A_y\frac{\partial B_y}{\partial x}+A_z\frac{\partial B_z}{\partial x}+B_x\frac{\partial A_x}{\partial x}+B_y\frac{\partial A_y}{\partial x}+B_z\frac{\partial A_z}{\partial x},\right.$$

$$A_x\frac{\partial B_x}{\partial y}+A_y\frac{\partial B_y}{\partial y}+A_z\frac{\partial B_z}{\partial y}+B_x\frac{\partial A_x}{\partial y}+B_y\frac{\partial A_y}{\partial y}+B_z\frac{\partial A_z}{\partial y},$$

$$\left.A_x\frac{\partial B_x}{\partial z}+A_y\frac{\partial B_y}{\partial z}+A_z\frac{\partial B_z}{\partial z}+B_x\frac{\partial A_x}{\partial z}+B_y\frac{\partial A_y}{\partial z}+B_z\frac{\partial A_z}{\partial z}\right\}$$

$$=\nabla(A_xB_x+A_yB_y+A_zB_z)=\nabla(\boldsymbol{A}\cdot\boldsymbol{B})=\text{左边}$$

4. 由定义 $(\boldsymbol{A}\cdot\nabla)\mu=P\frac{\partial\mu}{\partial x}+Q\frac{\partial\mu}{\partial y}+R\frac{\partial\mu}{\partial z}$,得

$$(\boldsymbol{A}\cdot\nabla)\mu=\{P,Q,R\}\cdot\left\{\frac{\partial\mu}{\partial x},\frac{\partial\mu}{\partial y},\frac{\partial\mu}{\partial z}\right\}=\boldsymbol{A}\cdot\nabla\mu$$

5. 由定义 $\Delta u=\frac{\partial^2 u}{\partial x^2}+\frac{\partial^2 u}{\partial y^2}+\frac{\partial^2 u}{\partial z^2}$ 和 $\nabla\cdot\nabla\varphi=\Delta\varphi$,得

$$\begin{aligned}\Delta(uv)&=\nabla\cdot\nabla(uv)=\nabla\cdot(v\nabla u+u\nabla v)=\nabla\cdot(v\nabla u)+\nabla\cdot(u\nabla v)\\&=v\nabla\cdot\nabla u+\nabla u\cdot\nabla v+u\nabla\cdot(\nabla v)+\nabla u\cdot\nabla v\\&=v\nabla u+u\nabla v+2\nabla u\cdot\nabla v\end{aligned}$$

6. (1) $\nabla r=\frac{x}{r}\boldsymbol{i}+\frac{y}{r}\boldsymbol{j}+\frac{z}{r}\boldsymbol{k}=\frac{1}{r}(x\boldsymbol{i}+y\boldsymbol{j}+z\boldsymbol{k})=\frac{\boldsymbol{r}}{r}=\boldsymbol{r}^0$

$$\nabla\cdot\boldsymbol{r}=\frac{\partial(x)}{\partial x}+\frac{\partial(y)}{\partial y}+\frac{\partial(z)}{\partial z}=1+1+1=3$$

$$\nabla\times\boldsymbol{r}=\begin{vmatrix}\boldsymbol{i}&\boldsymbol{j}&\boldsymbol{k}\\\frac{\partial}{\partial x}&\frac{\partial}{\partial y}&\frac{\partial}{\partial z}\\x&y&z\end{vmatrix}=\begin{vmatrix}\frac{\partial}{\partial y}&\frac{\partial}{\partial z}\\y&z\end{vmatrix}\boldsymbol{i}-\begin{vmatrix}\frac{\partial}{\partial x}&\frac{\partial}{\partial z}\\x&y\end{vmatrix}\boldsymbol{j}+\begin{vmatrix}\frac{\partial}{\partial x}&\frac{\partial}{\partial y}\\x&y\end{vmatrix}\boldsymbol{k}$$

$$=\{0,0,0\}=\boldsymbol{0}$$

(2) $\nabla\cdot\boldsymbol{r}^0=\frac{\partial}{\partial x}\left(\frac{x}{r}\right)+\frac{\partial}{\partial y}\left(\frac{y}{r}\right)+\frac{\partial}{\partial y}\left(\frac{z}{r}\right)=\frac{r-\frac{x^2}{r}}{r^2}+\frac{r-\frac{x^2}{r}}{r^2}+\frac{r-\frac{x^2}{r}}{r^2}$

$$=\frac{3r-r}{r^2}=\frac{2}{r}$$

(3) $\nabla(\boldsymbol{r}\cdot\boldsymbol{a})=\nabla(a_1x+a_2y+a_3z)=\frac{\partial(a_1x)}{\partial x}\boldsymbol{i}+\frac{\partial(a_2y)}{\partial y}\boldsymbol{j}+\frac{\partial(a_3z)}{\partial z}\boldsymbol{k}$

$$=a_1\frac{\partial x}{\partial x}\boldsymbol{i}+a_2\frac{\partial y}{\partial y}\boldsymbol{j}+a_3\frac{\partial z}{\partial z}\boldsymbol{k}=a_1\boldsymbol{i}+a_2\boldsymbol{j}+a_3\boldsymbol{k}=\boldsymbol{a}$$

(4) $\nabla\cdot\boldsymbol{b}(\boldsymbol{r}\cdot\boldsymbol{a})=\nabla\cdot\{b_1(a_1x+a_2y+a_3z),b_2(a_1x+a_2y+a_3z),b_1(a_1x+a_2y+a_3z)\}$

$$=a_1b_1+a_2b_2+a_3b_3=\boldsymbol{a}\cdot\boldsymbol{b}$$

(5) $\nabla\times[(\boldsymbol{r}\cdot\boldsymbol{a})\boldsymbol{b}]=(\boldsymbol{r}\cdot\boldsymbol{a})\nabla\times\boldsymbol{b}+\nabla(\boldsymbol{r}\cdot\boldsymbol{a})\times\boldsymbol{b}$

$$=0+\boldsymbol{a}\times\boldsymbol{b}=\boldsymbol{a}\times\boldsymbol{b}$$

(6) $\nabla\times[f(r)\boldsymbol{r}]=f(r)\nabla\times\boldsymbol{r}+\nabla f(r)\times\boldsymbol{r}=\boldsymbol{0}+\nabla f(r)\times\boldsymbol{r}$

$$=\left[f'(r)\frac{\boldsymbol{r}}{r}\right]\times\boldsymbol{r}=\frac{f'(r)}{r}\boldsymbol{r}\times\boldsymbol{r}=\boldsymbol{0}$$

7. (1) $\nabla\times[f(r)\boldsymbol{a}]=f(r)\nabla\times\boldsymbol{a}+\nabla f(r)\times\boldsymbol{a}=\boldsymbol{0}+\frac{f'(r)}{r}\boldsymbol{r}\times\boldsymbol{a}$

$$=\frac{f'(r)}{r}(\boldsymbol{r}\times\boldsymbol{a})$$

(2) $\nabla\cdot[\boldsymbol{r}\times f(r)\boldsymbol{b}]=[f(r)\boldsymbol{b}]\cdot(\nabla\times\boldsymbol{r})-\boldsymbol{r}\cdot\nabla\times[f(r)\boldsymbol{b}]$

$$=\boldsymbol{0}-\boldsymbol{r}\cdot\{[f(r)]\nabla\times\boldsymbol{b}+\nabla f(r)\times\boldsymbol{b}\}$$

$$=\boldsymbol{r}\cdot\left[\frac{f'(r)}{r}(\boldsymbol{b}\times\boldsymbol{r})\right]=\left[\frac{f'(r)}{r}(\boldsymbol{b}\times\boldsymbol{r})\right]\cdot\boldsymbol{r}=0$$

8. $\nabla\times(\boldsymbol{A}\times\boldsymbol{B})=(\boldsymbol{B}\cdot\nabla)\boldsymbol{A}-(\boldsymbol{A}\cdot\nabla)\boldsymbol{B}+\boldsymbol{A}(\nabla\cdot\boldsymbol{B})-\boldsymbol{B}(\nabla\cdot\boldsymbol{A})$

$$=\left(x^2\frac{\partial\boldsymbol{A}}{\partial x}+0\frac{\partial\boldsymbol{A}}{\partial y}+(-4)\frac{\partial\boldsymbol{A}}{\partial z}\right)-\left(3y\frac{\partial\boldsymbol{B}}{\partial x}+2z\frac{\partial\boldsymbol{B}}{\partial y}+xy\frac{\partial\boldsymbol{B}}{\partial z}\right)$$

$$+\{3y,z^2,xy\}\left(\frac{\partial(x^2)}{\partial x}+\frac{\partial(0)}{\partial y}+\frac{\partial(-4)}{\partial z}\right)$$

$$-\{x^2,0,-4\}\left(\frac{\partial(3y)}{\partial x}+\frac{\partial(z^2)}{\partial y}+\frac{\partial(xy)}{\partial z}\right)$$

$$=\{0,-16z+4xz^2,3x^2y\}$$

*9. (1) $\oint\!\!\oint_S f\frac{\partial f}{\partial\boldsymbol{n}}\mathrm{d}S=\oint\!\!\oint_S f(\nabla f)\cdot\boldsymbol{n}\mathrm{d}S=\oint\!\!\oint f(\nabla f)\cdot\mathrm{d}\boldsymbol{S}$ （高斯公式）

$$=\iiint_\Omega(\nabla f\cdot\nabla f+f\,\nabla f)\mathrm{d}V\quad（f\text{ 为调和函数}）$$

$$=\iiint_\Omega(\nabla f\cdot\nabla f+0)\mathrm{d}V$$

$$=\iiint_\Omega|\nabla f|^2\mathrm{d}V$$

(2) $$\oint\!\!\!\oint_S f\,\frac{\partial f}{\partial \boldsymbol{n}}\mathrm{d}S-\oint\!\!\!\oint_S g\,\frac{\partial f}{\partial \boldsymbol{n}}\mathrm{d}S=\oint\!\!\!\oint_S (f\,\nabla g-g\,\nabla f)\boldsymbol{n}\mathrm{d}S$$

$$=\oint\!\!\!\oint_S (f\,\nabla g-g\,\nabla f)\mathrm{d}S\quad\text{（高斯公式）}$$

$$=\iiint_\Omega (f\,\nabla g-g\,\nabla f)\mathrm{d}V\quad\text{（由 }f,g\text{ 均为调和函数）}$$

$$=\iiint_\Omega 0\mathrm{d}V=0$$

故

$$\oint\!\!\!\oint_S f\,\frac{\partial f}{\partial \boldsymbol{n}}\mathrm{d}S=\oint\!\!\!\oint_S g\,\frac{\partial f}{\partial \boldsymbol{n}}\mathrm{d}S$$

参 考 文 献

[1] 谢树艺. 矢量分析与场论[M]. 4 版. 北京：高等教育出版社,2012.

[2] 谢树艺. 工程数学：矢量分析与场论(第四版)学习辅导与习题全解[M]. 4 版. 北京：高等教育出版社,2012.

[3] 同济大学数学教研室. 高等数学[M]. 4 版. 北京：高等教育出版社,1996.

[4] 莫撼,邓居智. 场论[M]. 北京：原子能出版社,2006.

[5] 河北科技大学理学院数学系. 复变函数与积分变换[M]. 北京：清华大学出版社,2014.